JN111011

口絵 1　残像（p.12）

口絵 2　ピーキング（p.48）

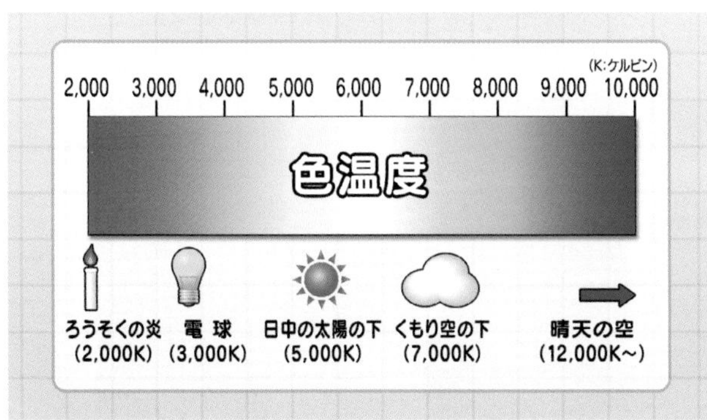

口絵 3　色温度（p.49）

口絵 4　照明による色温度の違い（p.49）

口絵 5　ホリゾントライト（p.96）

口絵 6　CG と映像の高精度な位置合わせ（p.180）

映像コンテンツの制作技術

近藤智嗣

（改訂版）映像コンテンツの制作技術（'20）

装丁・ブックデザイン：畑中　猛

o-9

まえがき

ポケットに入れて持ち歩くようなスマートフォンでも，4K 映像を撮影できる時代になりました。ボタンを押すだけで，誰でもきれいな映像を撮影できます。また，インターネットの動画サイトに投稿すれば，世界中の人に瞬時に映像を配信できます。

このように誰もが映像を作り配信できる時代になったものの，映像コンテンツを制作する技術は，一般には，あまり普及していないように思います。いざ，撮影しようとしても，どこから撮影すればいいのか，と迷うこともあるのではないでしょうか。学校で作文や絵画の指導は受けてきても，映像制作の指導は受けていない人が多いからなのかもしれません。もちろん，映像制作には，こうしなければならないという正解があるわけではありません。しかし，映像作品には，制作者のメッセージが表現されていなければなりません。そうでなければ，作品とはいえないのです。

映像は，現代社会において，もはや欠かすことのできないメディアであり表現手段です。そのため，大学の教養教育として，また，放送大学情報コースの専門科目として，2012 年には「映像メディアとＣＧの基礎（'12）」を開講しました。そして，開講後，映像と CG を分けて，それぞれ別々の科目にしてほしいという要望が多くあり，2016 年には「映像コンテンツの制作技術（'16）」として大幅に改訂し独立させました。改訂では，映像コンテンツの制作技術をなるべく体系的に学べるようにしてみました。実際の映像制作の現場では，本書に書かれた業務を１人で行うことはありません。映画などのエンドロールで流れるスタッフの数から分かるとおり，商用の映像制作は，各分野で細かく分業化されています。しかし，一部の専門分野に詳しくなるだけでなく，全体像をつかんでから専門性を高める方が，応用力が強くなるという考えです。2016 年に改訂してから 4 年が経過し，この間で映像制作の技術は大きく変わりました。4K や LED 照明が普及し，HDR などのカメラ機能やカラーグレーディングなどのソフトウェアもかわりました。そこで，このような最新技術を多く取り入れ，「ポスプロ」を章として独立させる内容にしました。その分，3D 映像については割愛し，2020 年には「映像コンテンツの制作技術（'20)」として改訂することにしました。

映像制作は，たくさん映画を見たからといって，うまくなるとは限りません。美術館によく通う人でも，初めてデッサンをするときは，なかなか思うように描けなく，小説をたくさん読んでも，いざ小説を書こうとするとなかなか書けないのと同じです。最も効果的な映像制作の学習法は，いったん視聴者の視点から離れて，制作者として個々の映像技法を意識してみることだと思います。本科目は，その際にどこに意識を集中させて見るかという観点集ともいえるでしょう。本科目を学習した後は，テレビや映画を見るときの観点が変わっていることに気づくと思います。本書で紹介した基本を押さえるだけでも，映像制作の技術は格段に向上すると思います。

どんなジャンルでも，どんなに映像作品を作った人でも，口をそろえて言うと思います。「映像は面白い」と。本科目が，皆さんの映像作りにとって少しでもお役に立てれば幸いです。

2019 年 11 月

近藤智嗣

目次

1　動画の原理

《目標＆ポイント》 動画は静止画が連続的に表示されたものである。しかし，なぜ静止画の集まりが動いて見えるのだろうか。映画は，どのような経緯をたどって誕生したのだろうか。現在のテレビなどの映像も，静止画の集まりなのだろうか。また，どのような仕組みになっているのだろうか。本章ではこれらの疑問について考えてみる。

《キーワード》 残像，仮現運動，ハイビジョン，4K，8K，解像度，インターレース，プログレッシブ

1．本章の概要

本章では，静止画の集まりである動画がなぜ動いて見えるのかという動画の原理と，現在のビデオの解像度やフレームレートなどについて解説する。

動画の原理としては，残像ではなく，仮現運動という現象が重要であることを解説する。また，この原理を応用した装置のゾートロープが，映写機フィルムの原点といえること，ビデオカメラの原点としては，マイブリッジの連続写真ができた経緯を紹介する。そして，世界ではじめて有料で上映された，リュミエール兄弟の「工場の出口」に至る映画の歴史をたどってみる。

ビデオ規格としては，ハイビジョン，4K 映像，8K 映像について，その規格と基礎知識を解説する。

2. 動画の原理

(1) 残像が動画の原理ではない

① ソーマトロープ

動画はなぜ動いて見えるのだろうか？ 図1-1のようなおもちゃ（ソーマトロープ）で遊んだことがある方も多いだろう。両端のゴム紐を持って中の円盤を高速に回転させると表と裏の絵が合成されて見えるものである。しかし，これは動きを感じるものではない。

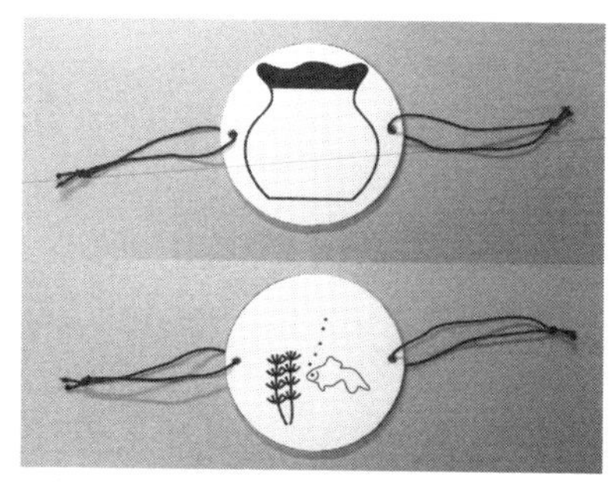

図1-1 ソーマトロープ

② 残像

動画の原理は残像であるといわれる場合もあるが，残像から動画の動きを説明することはできない。残像の現象では，原刺激とは反対の性質が陰性残像として観察される場合が多い。口絵1を使った簡単な実験を紹介する。まず，図の中心の魚の目を見続ける。まばたきはしてもいいが，目を動かしたりはしないようにする。約20秒が経過したら，すぐに白い壁などを見てほしい。直前に見ていた色が反対色となって見え，数十秒は残像として残る。つまり，残像として残ってしまっては，次から次へと変化する静止画を動画として見ることができないことが分かる。

(2)　仮現運動

仮現運動とは見かけ上の運動という意味である。仮現運動には，アルファ運動，ベータ運動，ガンマ運動などがあり，その中のベータ運動が動画の知覚と関係しているといわれている。ベータ運動は，例えば夜の踏切で，赤いランプが交互に点滅するとき，一方から一方へと移動しているように見える現象である。また，図1-2上の例は，Aの静止画とBの静止画が交互に同じ場所に表示される場合である。このとき，Cの矢印のように動いて見える。縦と横の棒しかないはずなのに，移動の過程の斜めの棒もあるかのようになめらかに見えるため，仮現運動と呼ばれているのである。しかし，動画が動いて見える原理は完全に解明されているわけではなく，さまざまな見解がある [1]。

ちなみに，仮現運動のアルファ運動（図1-2下）は，ミュラー・リヤー錯視で用いられる直線に矢羽根のついた図形を交互に提示すると直線が伸縮しているように見える現象で，ガンマ運動は，光点の出現・消失の際に，拡大・縮小して見える現象である。

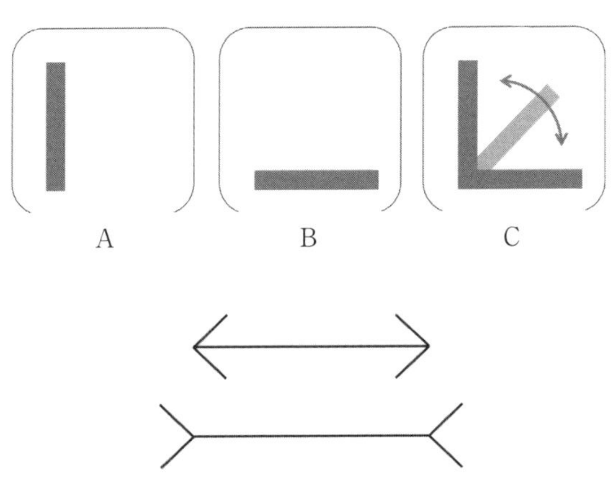

図1-2　仮現運動（上：ベータ運動，下：アルファ運動）

(3) 映写機・フィルムの原点

絵が動いて見えるおもちゃは,映画の誕生前からあった。例えば,ジョセフ・プラトーが1832年に発明したフェナキストスコープである（図1-3上)。絵の描かれた円盤を回転させて鏡に映し，裏からスリット越しに見ると絵が動いて見えるものである。また，これに触発されたウイリアム・ホーナーは1834年にゾートロープ（図1-3下）という円筒状の装置を開発した。円筒の中には少しずつ動いた絵を横に並べて描いた帯を入れる。子どもの頃，本の角に落書きしたパラパラ漫画の要領である。そしてこの円筒を回転させる。上からのぞき込むと絵が流れてしまい映像にならないが，円筒の周りからスリット越しにのぞき込む。すると，スリットから見える一瞬の絵→見えない闇→スリットから見える次の絵，となり，絵が動いて見えるのである。

フェナキストスコープ

ゾートロープ

図1-3　絵が動いて見えるおもちゃ

(4) ビデオカメラの原点

① 写真の発明

ビデオカメラや映画用カメラの発明の前に，写真の発明があった。1826年，ニセフォール・ニエプス（1765-1833）が最初の写真術ヘリオグラフィーを発明した。ニエプスの死後，ルイ・ジャック・マンデ・ダゲール（1787-1851）がニエプスの研究を継ぎ，1839年に露光時間の短い銀板写真法（ダゲレオタイプ）を発表した。このカメラはジルー・ダゲレオタイプと呼ばれている。こうして映像の1コマである静止画を作ることができるようになった。

② スタンフォードの賭け

映像は連続した静止画の集まりであるため，次は連続写真が発明されなければいけない。この発明には少し変わった逸話がある。

1872年，カリフォルニアの鉄道王で，元カリフォルニア州知事のリーランド・スタンフォード（1824-1893）は競走馬を育てていた。ある日，友人と「馬が走っているとき，四本の足すべてが宙に浮く瞬間があるかどうか」という賭けをした。スタンフォードは宙に浮く瞬間があるという方に賭けていた。肉眼では見えないその瞬間を当時のカメラで撮影することはできなかったため，スタンフォードは，電気技師に高速にシャッターを切れるカメラを開発させ，当時ステレオ写真などを撮っていたエドワード・マイブリッジ（1830-1904）に撮影を依頼した（図1-4）。

図1-4
エドワード・マイブリッジ
（出典：Wikimedia Commons）

③ マイブリッジの連続写真の仕掛け

1877年に撮影は成功するものの捏造（ねつぞう）ではないかと疑われたため，マイブリッジは，図1-5のような仕掛けを作った。これは馬が通過するとワイヤーが切れ，シャッターも切れるという仕掛けである。1878年に12台のカメラ，1879年には24台のカメラを使用した。場所は，現在のスタンフォード大学である。こうして，馬が走る様子を連続写真として撮影することにみごとに成功したのである（図1-6）[2]。

図1-5　マイブリッジの連続写真の仕掛け

図1-6　マイブリッジの連続写真
（出典：Wikimedia Commons）

④　エディソンのキネトスコープ

1891年には，トーマス・エディソン（1847-1931）がのぞき眼鏡式映写機キネトスコープを発明した（図1-7）。これには，後にKodak社を創設するジョージ・イーストマンの曲げられるセルロイドをベースとした長巻きフィルムの提供が不可欠であった。このときのフィルムが現在でも使われている35mmフィルム規格のもとになっている。

図1-7 キネトスコープ
（出典：Wikimedia Commons）

コラム　マイブリッジとスタンフォードの生涯

作曲家フィリップ・グラス（1937-）の音楽CDに「The Photographer」というのがある。同じタイトルのチャンバーオペラの曲で，The Photographerとは，本文でも紹介した写真家エドワード･マイブリッジのことである。マイブリッジは，リーランド･スタンフォードの依頼を受け，走る馬の連続写真の撮影に成功する。

しかし，マイブリッジの生涯は波瀾万丈だった。フローラという女性と結婚し1874年に息子のフロレドが誕生する。しかし，フロレドが自分の子でないことが分かり，フローラの愛人ハリーを射殺してしまう。このマイブリッジの生涯を描いた舞台は1982年にアムステルダムで最初に上演された。上記のCDはその舞台の曲である。

一方，スタンフォードは，1884年に一人息子が旅先のフィレンツェで病死してしまい，息子の名前を永遠に残すため大学を創ることにした。1891年に開学したLeland Stanford Junior University，通称スタンフォード大学である。建てた場所は，走る馬の連続写真をマイブリッジが撮影した牧場であった。

3. 映画のはじまり

パリから特急列車 TGV に乗って，南へ約 2 時間行くとリヨン (Lyon) という町に着く。この町で撮影された「工場の出口」（図 1-8）という映像が世界で最初の有料の実写映画と言われている。内容は，工場から出てくるたくさんの人々を撮影しているだけの映像である。もちろんモノクロで音声はなく，カメラワークもない。この映像を撮影したカメラは，シネマトグラフ（図 1-9）と呼ばれるもので，リュミエール兄弟（図 1-10）によって発明されたものである。

図 1-8　世界初の映画「工場の出口」
（出典 : Wikimedia Commons）

図 1-9　シネマトグラフ
（出典 : Wikimedia Commons）

図 1-10　リュミエール兄弟
（出典 : Wikimedia Commons）

この映像が他の短編映像とともにパリのグランカフェ（現在のホテル・スクリーブ・パリ・オペラ）において上映されたのが，1895 年 12 月 28 日のことである。この日を映画誕生の日とすると，映画はおよそ 125 歳ということになる（2020 年現在）。YouTube などで「工場の出口」と検索すると実際の映像を見られるだろう。また，Google Map で "institut lumiere" と検索すると，現在は博物館になっているリュミエール家の邸宅と工場の跡地にジャンプする。Google ストリートビューで見るとコンクリートの門の向こうに，この出口が映画史上初の映画セット（図 1-11）として保存されているのを少し見ることができる。

図 1-11　保存されている最初の映画セット「工場の出口」

4. ビデオ規格

ビデオカメラで撮影するときには，3840 × 2160P，1920 × 1080P，1920 × 1080i, 1280 × 720P などと書かれたメニューから記録フォーマットを選ぶことができる。これらのビデオ規格の基礎を理解するには，解像度，アスペクト比，フレームレート，フィールド，インターレース，プログレッシブなどの用語が何を意味するかを覚えておくとよい。

(1) 解像度とアスペクト比

現在普及しているビデオカメラは，ハイビジョン（HD）と 4K が主流だが，それぞれの解像度にも種類がある。まず，ハイビジョンには，1920 × 1080 ピクセル，1440 × 1080 ピクセル，1280 × 720 ピクセルがある。この中で，1920 × 1080 ピクセルの解像度をフルハイビジョンと呼び，一部の BS 放送や Blu-ray で使われている。地上波や BS の多くの放送は 1440 × 1080 ピクセルである。4K には，3840 × 2160 ピクセル（UHD）と 4096 × 2160 ピクセルの解像度がある。4K とは，水平解像度が約 4,000 ピクセルということである。2018 年 12 月 1 日から始まった新 4K8K 衛星放送の 4K 放送は 3840 × 2160 ピクセル（UHD）で，映画用のデジタルシネマ 4K の解像度は 4096 × 2160 ピクセルと横に少し長くなっている。図 1-12 はこれらの解像度の違いを表したものである。

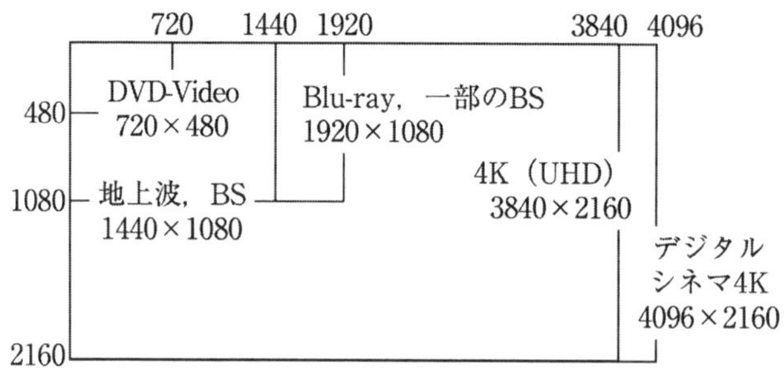

図 1-12　画面の解像度

さらに,8K 放送の解像度は 7680 × 4320 ピクセルで，スーパーハイビジョンと呼ばれている。

ちなみに，放送大学の番組は 1920 × 1080 ピクセルで制作されているが，BS231 チャンネルは，1440 × 1080 ピクセル，BS232 チャンネルは，720 × 480 ピクセル（標準画質：SD）にダウンコンバートして放送し，受像機側でアスペクト比が 16：9 で表示されるようになっている。

(2)　インターレースとプログレッシブ

1920 × 1080i や 1920 × 1080P のように書かれている場合, i はインターレース，P はプログレッシブの意味である。これは動画の描画方法，伝送方法の違いである。インターレースは「飛び越し走査」とも呼ばれ，イメージとしては図 1-13 の左のように１枚の画面を奇数行(奇数フィールド)，偶数行（偶数フィールド）と半分ずつ走査し，合わせて１枚の画像（フレーム）とするものである。一方，プログレッシブは１枚の画像をそのまま伝送する方式である。

フレームレートという場合は，1 秒間に表示する静止画の数（コマ数）のことである。テレビは約 30 コマ，映画は 24 コマが多い。

また，解像度の後に 59.94P や 60P と書かれている場合がある。これはフレームレートが約 60 のプログレッシブということである。30P と書かれている場合はフレームレートが約 30 のプログレッシブになるため，速く動くものを撮影する場合などは，60P の方がいいことになる。

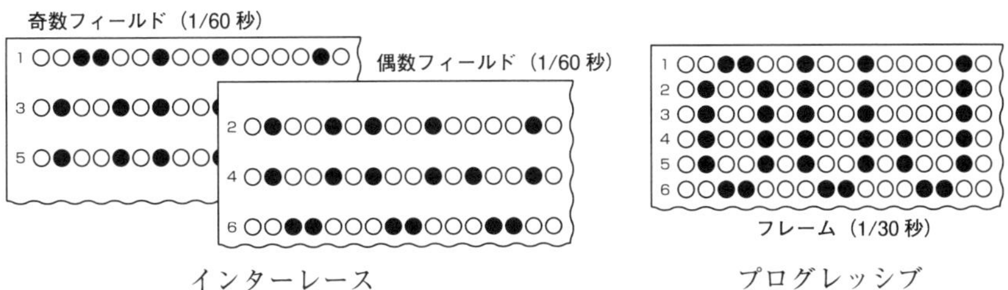

図 1-13　インターレースとプログレッシブのイメージ図

学習課題

1．仮現運動のベータ運動について確認してください。
2．マイブリッジの連続写真の仕掛けが映画に果たした役割について確認してください。
3．インターレースとプログレッシブの違いを確認してください。

参考文献

［1］吉村浩一『運動現象のタキソノミー　－心理学は“動き”をどうとら えてきたか－』（ナカニシヤ出版，2006 年）
［2］https://stanfordmag.org/contents/the-man-who-stopped-time（2019 年 5 月取得）

2 モンタージュ

《目標＆ポイント》 モンタージュとは一言で言うと「演出を伴った映像編集」のことである。ただ撮影しただけの映像と映画やテレビドラマの映像は，編集にどのような違いがあるのだろうか。本章では，現代の映画に至るまでの歴史的な経緯から映像編集の基本を考えてみる。
《キーワード》 映像編集，モンタージュ，クレショフ効果

1．本章の概要

世界で最初の有料公開映画は，1895 年にリュミエール兄弟が上映した「工場の出口」など 1 分未満の短編 10 本だった。このときは，フィルム交換の手間を省くため短編映像をつなげたそうである。これが編集のはじまりということになる。しかし，現在，映像の編集というときは，もっと演出的なことを意味する。この演出的な編集をモンタージュといい，映像の醍醐味と言っても過言ではないだろう。本章は，モンタージュがどのように登場したのか初期の映画をたどってみる。ここでは，「工場の出口」，「月世界旅行」，「イントレランス」，「担へ銃（になえつつ）」，「カリガリ博士」，「キッド」，「戦艦ポチョムキン」を取り上げる。

初期の映画の多くはインターネットなどでも視聴できるので，実際の映像でも確認すると本章の内容がより理解できるだろう。また，章末には，編集の練習課題も用意したので試してほしい。

2. 映像編集の変遷

(1) 「工場の出口」から「戦艦ポチョムキン」まで

現在の映画の多くは，映像を組み合わせること，つまり編集によって，効果的な映像になるように演出が施されている。では，映画がどのようにして現在のようになったのか，初期の映画の歴史を少し振り返ってみよう。

① カットつなぎのない「工場の出口」(1895)

まず，第1章でも紹介した「工場の出口」である（第1章 図1-8)。カメラは固定され，カメラワークやズーミングなどはなく，出口をひたすら撮影しただけの映像で，まだ編集はされていない。ただし，この工場の出口の映像は何パターンかあり，馬や工場で働く格好ではない人たちも出てくるため，日常の風景ではなく，演出として人物などを変えて，撮影されたものと思われる。

② 複数シーンで構成された「月世界旅行」(1902)

マジシャンだったジョルジュ・メリエス監督の「月世界旅行」では，14分のストーリー仕立てになった。学者たちが月に行き，月人と戦った後，地球の海に帰還するというSFで，複数のシーンで構成されている。個々のシーンはカットのないワンショットで，各シーンがオーバーラップでつながれている。オーバーラップとは，前の

図2-1　月世界旅行

カットが徐々に消えるフェードアウトと，次のカットが徐々に現れるフェードインを重ねる編集技法のことである。画面は，観客席から舞台を見ているようなロングショットの映像である（図 2-1）。

ちなみに，2011 年に公開された 3D 映画「ヒューゴの不思議な発明」には，メリエス監督役も登場し，スタジオや撮影風景も再現されている。

③　交互編集の「イントレランス」(1916)

「イントレランス」は，映画の父とも呼ばれる D・W・グリフィスの 180 分の長編映画である。バビロンの壮大な映画セットでも撮影されている。編集としての特徴は，4 つの物語が同時に進行し，交互に編集されていることである。図 2-2 は，そのイメージで，撮影当時の現代アメリカ，古代エルサレム，1572 年パリ，紀元前 539 年バビロンの 4 つの物語が切り替わりながらつながれている。交互編集は，平行編集，クロスカッティングとも呼ばれ，今では一般的な編集技法だが，当時は難解だったと思われる。グリフィスの前作「国民の創世」(1915)，エドウィン・S・ポーターの「大列車強盗」(1903) にも使われている。

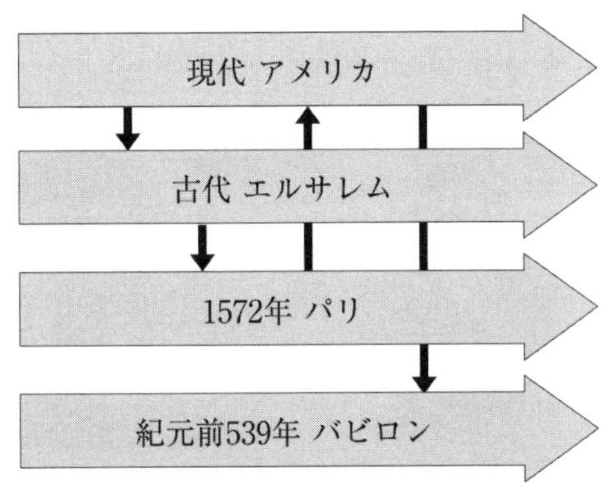

図 2-2 「イントレランス」の交互編集のイメージ

④　空間的な広がりを表現した「担へ銃」(1918)

「担へ銃」は，チャップリンの作品で，ドジな兵隊が大活躍する話である。基本的には，カメラの前で，チャップリンが喜劇を演じているという感じである。しかし，さまざまなカメラワークや編集技法が使われ，いずれも空間的な広がりが表現されている。例えば，チャップリンが画面の右方向に走ってフレームアウトすると，次のシーンは画面の左からフレームインするというカットつなぎ（図 2-3）などである。

図 2-3 「担へ銃」のフレームアウト（左）／フレームイン（右）

また，手に持った札を見ると，次のカットは札のアップというような，見ている人の目線になった主観的な表現の「見た目ショット」も使われている（図 2-4，第 12 章 3. 主観映像を参照）。

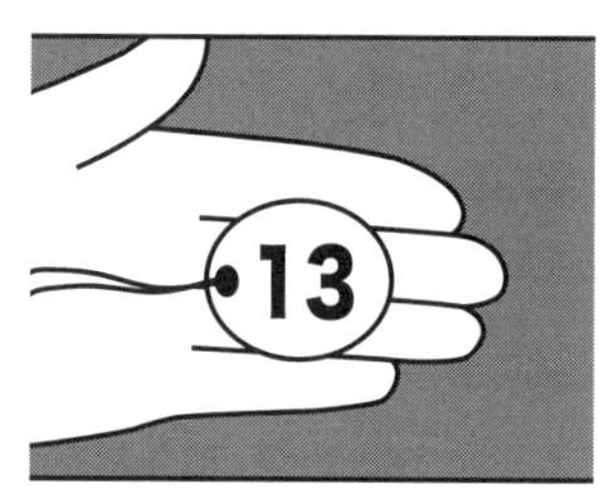

図 2-4 「担へ銃」の「見た目ショット」

⑤　出演者の表情を表現した「カリガリ博士」(1920)

「カリガリ博士」(ローベルト・ヴィーネ監督) は，連続殺人事件の話で，ゆがんだ風景のセットで撮影され，ストーリーも映像も不思議な映画である。劇場の舞台中継のように役者の演技が順につながれているが，人物の全身が写ったショットの中に，顔のアップが挿入されるようになった (図 2-5)。出演者の行動と表情を同時に表現する編集である。

図 2-5 「カリガリ博士」

⑥　象徴的なモンタージュの「キッド」(1921)

チャップリンの「キッド」では，病院から子どもを抱えて出てくる母親のシーンに，十字架を背負ったキリストが挿入されている。一見，このシーンとは無関係のように思えるが，この親子の将来を暗に示した象徴的なカットである (図 2-6)。編集によって演出するモンタージュは，このころから行われていた。

図 2-6 「キッド」の象徴的なモンタージュ

⑦ 画期的な編集の「戦艦ポチョムキン」(1925)

「戦艦ポチョムキン」は，モンタージュ手法が確立された映画といわれている。監督は，セルゲイ・ミハイロヴィチ・エイゼンシュテインである。「オデーサの階段」シーンは特に有名で，階段を駆け下りる群衆，発砲する兵士，絶叫する母親，踏まれる子どもの手など，さまざまな場面がつながれて編集されている（図 2-7)。この撮影と編集は，これまでの映画と大きく異なっている。つまり，駆け下りる群衆の撮影とは別に，絶叫する母親，踏まれる子どもの手が実際の時間軸とは異なって別々に撮影され，後で編集によってつなげられているのである。しかし，観客には同じ時間の流れのように感じるのである。

図 2-7 「戦艦ポチョムキン」のモンタージュ

3. モンタージュ

(1)　エイゼンシュテインとモンタージュ

エイゼンシュテイン（図2-8）は日本文化に詳しく，漢字を例に，耳と門で聞く，犬と口で吠える，口と鳥で鳴くなどを挙げて，これこそが映画におけるモンタージュだと述べている[1]。

モンタージュ（montage）とは，映像の編集のことだが，元々はフランス語の「組み立て」という意味である。英語のエディティング（editing）は不要な部分を切り落とすという意味で，ニュアンスが違う。最近は使われないようだが，別々の顔のパーツを組み合わせて犯人の顔に近づけるモンタージュ写真というのがある。これと考え方は同じである。別々に撮影されたAという映像とBという映像を編集して組み立てるということである。モンタージュの面白いところは，それが，ただのA+Bという映像ではなく，Cという意味が生じるような編集技法ということである。編集によって，演出ができるようになったのである。

図2-8　エイゼンシュテイン（右）と二代目市川左團次（左）（1928年）
（出典：Wikimedia Commons）

(2) クレショフ効果

モンタージュ理論は，他の監督や心理学者らによって確立されていった。その中で，ソビエト連邦の映画作家・映像理論家であるクレショフは，全ロシア映画大学で，人工的地表，モザイク人間，クレショフ効果，と呼ばれる実験を行っている。人工的地表は別々の場所で撮影された部分的な映像を組み合わせると1か所で撮影されているかのように見えるものである。モザイク人間も別々の女性の目や口などのパーツを個々に撮影し，つなげると1人の女性に見えるものである。

クレショフ効果は，図2-9のように，1）スープ，2）遺体，3）女性の映像の前後に無表情な男の映像をつないだ実験である。つなぎ方によって，無表情な顔のはずが，それぞれ1）空腹，2）悲しみ，3）欲望を表しているように見える。同じ映像でもその前後によって異なった意味を感じるという結果で，この現象は「クレショフ効果」と呼ばれている。

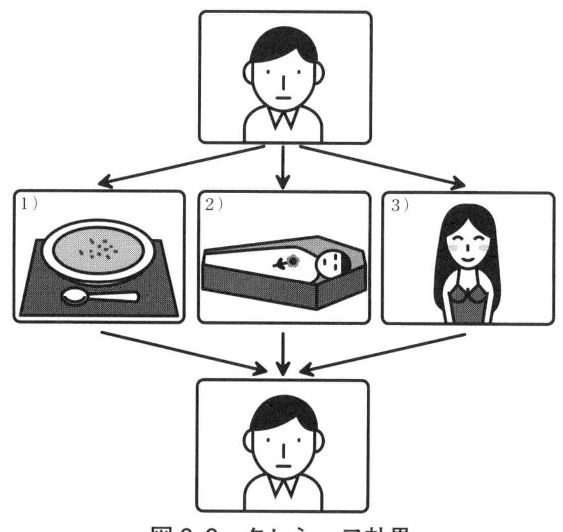

図2-9　クレショフ効果

(3)　エスタブリッシングショット

もう少し身近な例もある。エスタブリッシングショットと呼ばれるショットである。例えば，会社でパソコンに向かっているショットの前に，建物の全景のショットを置くと，この建物の中にいるように見える。実際には別の場所であってもである。さらに，これが図2-10のように日中の建物だと日中に働いているように見え，夜の建物だと残業をしているような表現になる。

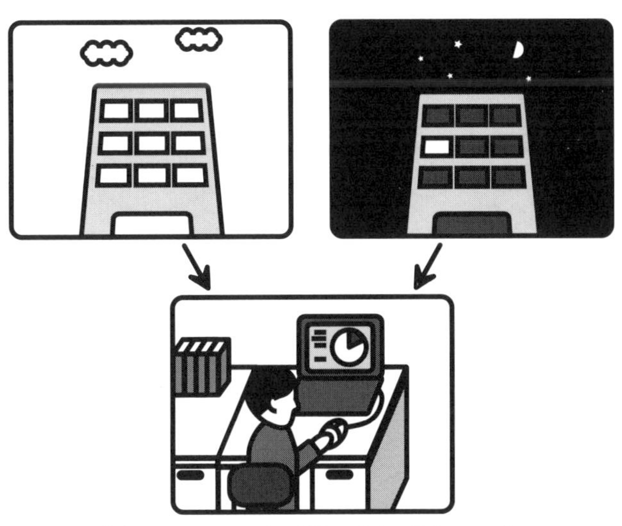

図2-10　エスタブリッシングショット

本章で取り上げたような映画の歴史を経て，モンタージュ手法は確立され今日に至っている。現在でも，新しい編集技法が次々に登場している。映画を見ていて最初は違和感があっても，次第に観客は理解できるようになる。また斬新な技法を期待して映画を見たりする。このように映画は制作者と観客の相互作用によって作られている芸術なのである。

4. 編集の練習

(1) 練習課題 1

図 2-11 は編集（モンタージュ）の練習課題である。

> あなたが作りたいと思う映像になるように好きなように並べ替えなさい。
> 各絵は映像の 1 コマで，長めに撮影してあるので，繰り返し使用してもよいこととする。

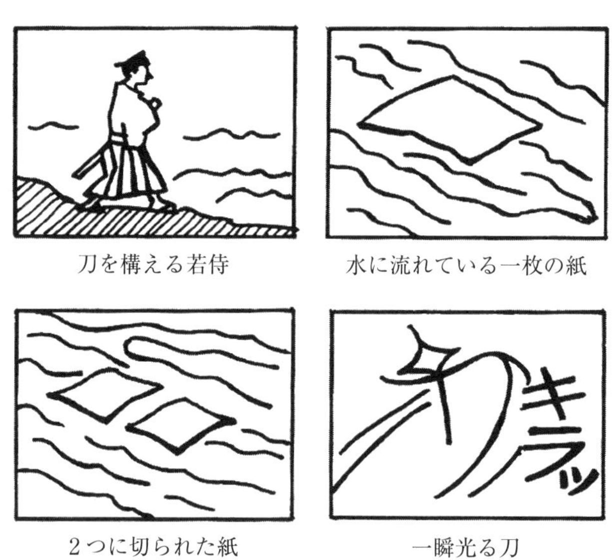

刀を構える若侍　水に流れている一枚の紙
2 つに切られた紙　一瞬光る刀

図 2-11 練習課題 1
出典：『映画編集とは何か 浦岡敬一の技法』（平凡社）[2]

(2)　練習課題１の解答例

下の図 2-12 に解答例として ABCD の４パターンを掲載した。もちろん，このいずれでなくても間違いではない。A の例は，文章のような並べ方で，「侍が紙を刀で切ったら切れた」という単調な感じである。最初の侍と紙が逆のパターンも考えられ，この方が映像として惹きつけられるかもしれない。B の例は，最初に紙と侍を見せて状況説明をし，刀で切った侍の行動と，結果として切れた紙という，映像的に丁寧な構成だと言える。C の例は，４カットとシンプルだが効果的な編集である。一瞬光る刀を出して，何だろうと思わせ，あ，侍が切ったのか，何を，紙を，でも切れてないと思わせ，しばらくすると切れる。侍の刀さばきの鋭さまでを表現する編集である。D の例は，最後に誰が切ったかを教える，侍に重点を置いた編集と言えよう。

図 2-12　練習課題１の解答例

(3) 練習課題 2

図 2-13 は 4 つのストーリーのショットが縦の列にランダムに並んでいる。ストーリーに合うように並べ替えてみよう。

1）通勤ラッシュでサラリーマンは，まるで豚を柵に押し込めるように電車に押し込められる。
2）マラソン大会で一生懸命走り，みごと優勝。
3）開通した新幹線を眺めているうちに，昔の蒸気機関車や村の景色を思い出したおじいさん。
4）夫が朝出勤するときは晴れていたのに，仕事中に雨が降り出した。一方，家では奥さんが洗濯物を急いでかたづけ，駅まで傘を持って迎えに行く。2 人は仲良く帰る。

コラム　映像の単位

中断なく撮影された映像の最小単位を「ショット」や「カット」と呼ぶ。撮影に重みがあるときはショット，切れ目に重みがあるときはカットになるが，使い方は曖昧である。ワンカットは，1 つの断片映像であり，ワンショットは人物 1 人が被写体であることを指す。「シーン」は，同一の場所で撮影されたショットの集まりである。「シーケンス」は，ストーリー上の意味単位でまとまったシーンの集まりで，小説だと章にあたると考えればいいだろう。

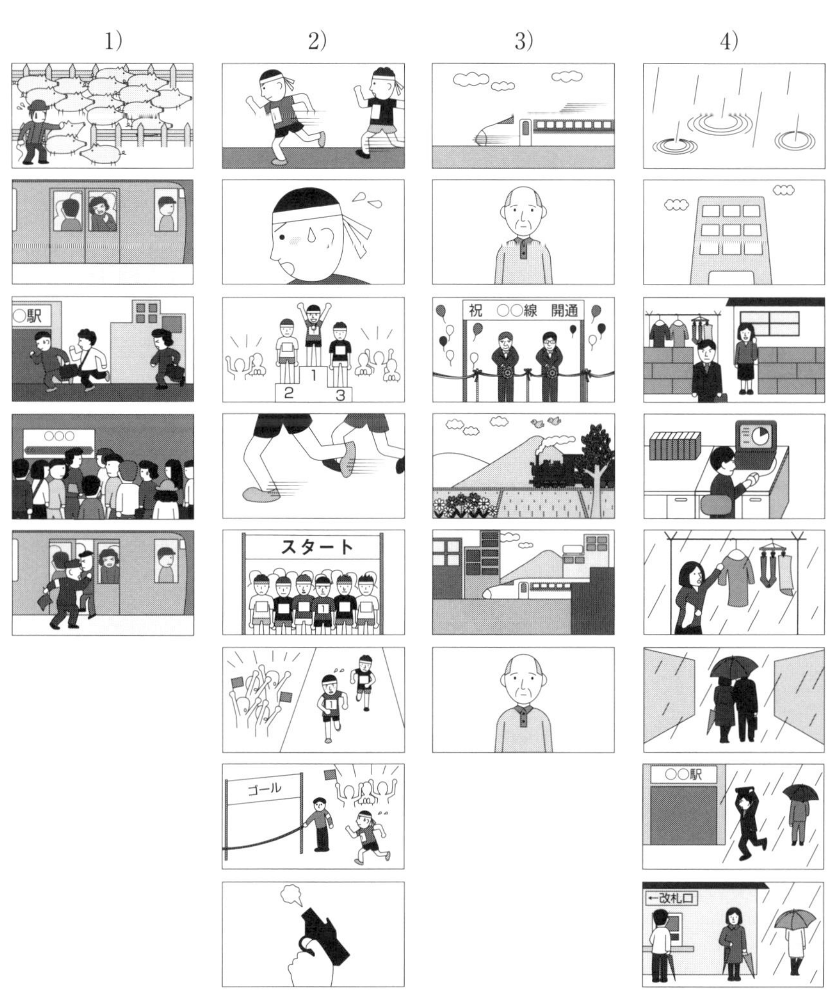

図 2-13　編集の練習

(4)　練習課題 2 の解答例

図 2-14 に 1 つの解答例を示した。もちろんほかの並べ方（編集）でも正解であるが，次の点に注意したかどうかが重要である。1）は豚のショットは比喩として乗客が電車に押し込められている前後にあるか，2）は時系列に並んでいるか，3）は回想シーンとして現在から過去そして現在に戻っているか，4）は 2 か所での出来事が交互に並んでいるか。これらの点に注意されていれば正解といえよう。また，2)だとピストル，3）だと新幹線で始まるのも視聴者を惹きつけるファーストシーンになる。

図 2-14　練習課題 2 の解答例

(5)　モンタージュの分類

練習課題2の4つのストーリーは，モンタージュの基本的な分類にそって構成したものである。図2-15は，時間と空間の軸で分類したものである。

まず，時間と空間が共に同じ事象は2）で，マラソン大会会場という同じ場所で時系列順に起こる出来事である。実際では数時間の出来事を数分程度に集約するため，汗や足もとのアップで時間経過を見せている。

つぎに，同じ空間だが時間が異なる事象は3）で，新幹線を見て，回想シーンに入り，現在に戻っている。

時間は同じだが空間が異なる事象は4）で，自宅と会社という別々の場所で起きていることを交互に示している。平行編集と呼ぶ場合も多い。

最後に，時間も空間も異なるが，意味的には関連があるショットが入っているものは1）で，比喩的な演出である。

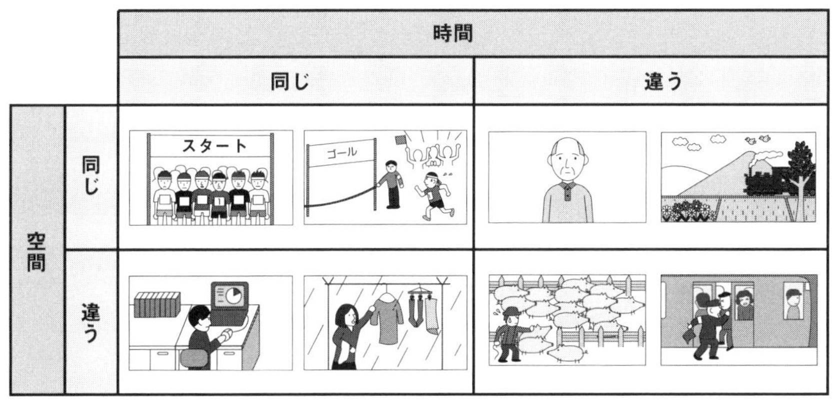

図2-15　モンタージュの分類

学習課題

1．映画「戦艦ポチョムキン」の例をもとに，モンタージュについて説明してください。
2．クレショフ効果，エスタブリッシングショットを確認してください。
3．本文中の練習課題とモンタージュの分類を照らし合わせてください。

参考文献

［1］エイゼンシュテイン（著），佐々木 能理男（翻訳）『映画の弁証法』（角川書店，1953年）
［2］浦岡敬一『映画編集とは何か　浦岡敬一の技法』（平凡社，1994年）

3　ビデオカメラの基本機能

《目標＆ポイント》　ビデオカメラには，たくさんのスイッチ類が備わっている。これらは何のための機能なのか，また，操作するときは何に気をつければよいのだろうか。そして，これらを操作すると映像はどのように変化するのだろうか。本章では，ビデオカメラのスイッチ類のうち，基本的な機能であるズーム，フォーカス，ホワイトバランスについて理解する。
《キーワード》　ビデオカメラ，ズーム，フォーカス，ホワイトバランス

1. 本章の概要

最近のビデオカメラは高性能になり，フルオートのモードにしておけば，初心者でも美しい映像を撮影できる。撮影時の細かな設定は不要である。しかし，撮影に少し慣れてきて画作り（えづくり）にこだわるようになると，フルオートでは物足りなくなる。例えば，背景をぼかして出演者を目立たせたいというような場合である。こういった画作りが，マニュアルモードでの設定で可能になる。そこで，今回は一歩進んだ使い方としてマニュアルモードでの撮影に挑戦する。

本章では，まず，カメラの基本的な構造を説明してから，ズーム，フォーカスについての機能を解説し，最後にホワイトバランスについて触れる。ビデオカメラには，たくさんのスイッチ類があるが，機能ごとに整理して覚えやすくし，機能を理解したうえでマニュアルで操作できるようにする。

2. カメラの基本構造

(1) カメラ・オブスクラ

まず，カメラの原点を知ることでカメラの基本構造を理解する。図3-1上は小型のカメラ・オブスクラで，空き箱の前面に小さな穴があり，中にはトレーシングペーパーが貼ってある簡単な装置である。穴の反対側からのぞくと，小さな穴（ピンホール）はレンズの役割をし，図3-1下のように外の景色が上下左右逆さまになって映る。穴にレンズを取り付けると穴を大きくしてもピントを合わせることができるようになり，より明るい像が得られる。これが最も基本的なカメラの構造である。

ピンホールカメラは，これと同じ原理で，トレーシングペーパーではなく印画紙を入れたものである。この映った景色を銀塩フィルムや撮像素子に記録したものが写真で，1秒間に何枚も記録した連続写真が動画となるのである。

カメラ・オブスクラは，ラテン語で暗い部屋という意味で，実際に人が入ることができる装置が，スコットランドのエジンバラなどの観光地にある[1]。暗い部屋の中に入るとテーブルのようなスクリーンがあり，そこに投影された外の景色を見ながらガイドの説明を聞く施設である(図3-2)。

図3-1　小型のカメラ・オブスクラ

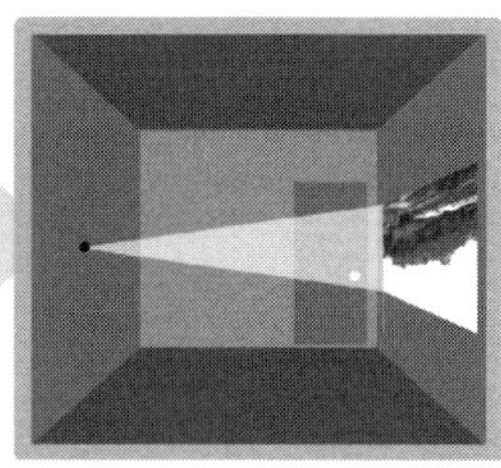

図3-2　部屋のサイズのカメラ・オブスクラ

(2)　ビデオカメラの基本構造

図3-3は，ビデオカメラの基本構造の簡略図である。カメラ・オブスクラの穴にあたる部分がアイリス（絞り）で，スクリーンにあたる部分が撮像素子である。外界の光がレンズから入り，複数のレンズや絞りを通って撮像素子に結像する。人間の眼球も基本的に同じ構造で，水晶体がレンズ，虹彩が絞り，網膜が撮像素子にあたる。撮像素子にはCCDやCMOSなどのイメージセンサーが使われている。ビデオカメラのレンズは複数で構成され，ズームで望遠や広角と画角を変えるためのバリエーターレンズ，フォーカスを合わせるためのフォーカシングレンズなどがある。また図のようにNDフィルター（Neutral Density filter）という減光フィルターが備わっている機種もある。3CCDや3CMOSと書かれた機種は，撮像素子が3枚入っていて，プリズムでRGBの三原色に分解されて記録される仕組みである。撮像素子に結像し電気信号に変換された映像信号は画像処理され，メモリカードやテープに記録される。また，音声はマイクをとおして入力される。このほかには，撮影している映像やさまざまな情報を表示するモニターやファインダーがあり，これらの要素でビデオカメラは構成されている。

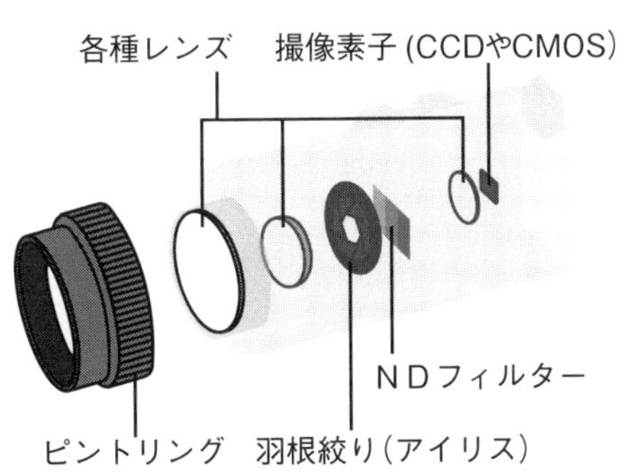

図3-3　ビデオカメラの基本構造

3. マニュアル機能の分類

(1) ビデオカメラのスイッチ類

プロ用の高機能なカメラでもフルオートモードがあるのが一般的で,フルオートモードにしておけば,細かな設定はカメラ任せで撮影できる。電源を入れて録画ボタンを押すだけで撮影できるので,急いでいるときや条件の変化の予測がつかないような場合は便利である。しかし,画作りを考える場合は,マニュアルモードで撮影しなければならない。そのためには,カメラの機能も理解しておく必要がある。ビデオカメラには,図3-4のようにスイッチ類がたくさん付いており,マニュアルモードでは,これらを操作する必要がある。スイッチ類には,スイッチ,ボタン,レバー,リングなどさまざまな種類がある。また,操作する場所が多く,圧倒されてしまうかもしれないが,機能ごとに分類するとさほど複雑ではないことが分かる。ビデオカメラは,さまざまなメーカーの機種があり,解像度,レンズ,記録メディアなどの違いがあるが,スイッチ類の機能は,共通するものが多い。

図3-4 ビデオカメラのスイッチ類の例

(2) マニュアル機能の分類

表 3-1 は，マニュアルモードのあるビデオカメラの一般的なスイッチ類を機能別に分類したものである。1）ズームは，画角を望遠や広角に調整する機能，2）フォーカスは，ピント合わせに関する機能，3）ホワイトバランスは，色温度の調整に関する機能，4）光量は，画面の明るさに関する機能，5）音声は，音声入力の設定に関する機能である。4）光量は 4 章で，5）音声については 8 章と 9 章で解説し，1）から 3）については本章で解説する。

ビデオカメラに付いているたくさんのスイッチ類は，基本的にこの 5 つの機能に分類できるので，整理すると覚えやすいだろう。

表中の調整方法がビデオカメラに付いているスイッチ類である。メーカーや機種によって表記が異なっていたり，機能が備わっていない機種もある。確認方法は，ビデオカメラのモニターに表示されるので，この表示を確認しながらスイッチを調整することになる。

次節より表の 1）から 3）について順に解説する。

表 3-1　マニュアルモードの機能による分類

機能	調整方法	確認方法
1）ズーム（画角）	T/W ／ リング	
2）フォーカス（焦点）	AF/MF ／ リング	ピーキング 拡大表示
3）ホワイトバランス（色温度）	WB ／ ATW	
4）光量	アイリス（絞り）	ヒストグラム ゼブラ
	ゲイン ／ ND フィルター	
	シャッタースピード（速度）	
5）音声	入力切り替え	レベルメーター
	音声レベル	

4. ズーム（画角）

(1) 操作方法

ズーム機能はレンズの画角を変える場合に使用する。レンズの所にあるリングや「T/W」と書かれたシーソー型スイッチで操作することにより，レンズの焦点距離を変えることができる（図 3-5）。T がテレで望遠（長焦点），W がワイドで広角（短焦点）である。広角から望遠に徐々に画角を変化させることズームインといい，その逆をズームアウトというが，多用しないのが上手な映像制作のコツである。ズームイン／アウトは，人間の目には無い機能なので，多用すると違和感が生じる。登場人物の心理描写や全体と部分の位置関係を示したいときに使うくらいにするとよいだろう。

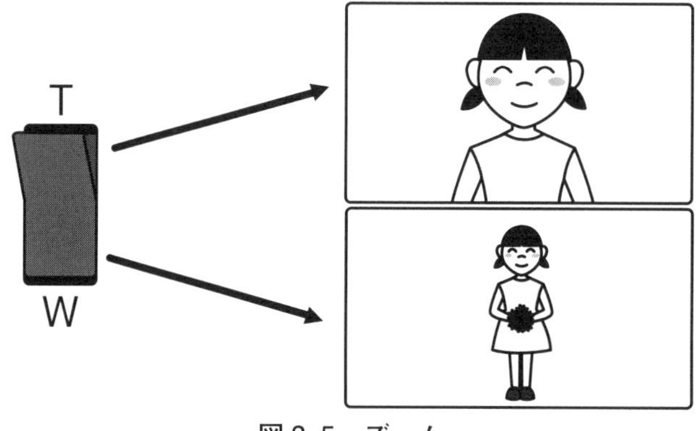

図 3-5　ズーム

(2) ズーム機能による画作り（えづくり）

図 3-6 と図 3-7 をよく見比べてみよう。図 3-6 はカメラを離して望遠で撮影し，図 3-7 はカメラを近づけて広角で撮影したものである。画面内のまなぴーの大きさは，ほぼ同じだが，違いは分かるだろうか。

図 3-6　望遠

図 3-7　広角

答えは，背景に大きな違いがあるということである。図 3-6 は背景の狭い範囲が写り，図 3-7 の方は背景の広い範囲が写っている。また，背景のピントにも注目してほしい。図 3-6 は画像がぼけているが，図 3-7 は画像が鮮明である。ピントが合って見える奥行きの幅（距離）を被写界深度というが，焦点距離が大きいほど，これは小さくなる。広角と望遠では，同じ被写体を撮影しても，このような違いが生じる。こうした特性を活かして画作りをしていくのである。

(3) ワイドコンバージョンレンズ

また，狭い部屋などカメラのワイドだけでは全体を撮影できない場合は，図 3-8 のようなワイドコンバージョンレンズ（ワイコン）をカメラのレンズに装着するとよい。

図 3-8　ワイドコンバージョンレンズ

コラム　めまいカット

ヒッチコックの「めまい (Vertigo)」(1958 年) という映画がある。高所恐怖症の元刑事が階段の吹き抜けから下を見下ろすと，めまいに襲われるのだが，その「めまい」を表現する撮影方法で，広角と望遠の背景の違いが巧みに使われている。この映画にちなんで「めまいカット」と呼ばれ，最近でも心理描写を表現するときによく使われている。撮影方法は，近づきながら徐々に広角にするか，離れながら徐々に望遠にするかである。被写体のサイズは同じだが，背景だけがダイナミックに変化するため，めまいがしているような感覚がする撮影技法である。多くの映画やドラマで使用されている。

5. フォーカス（焦点）

(1) マニュアルフォーカス

撮影でいちばん気をつけなければいけないのは，フォーカス（ピント）である。明るさや色は，編集段階で多少の調整ができるが，ピントがぼけている映像をピントが合ったように修復することはできないからである。

ビデオカメラにはオートフォーカス（AF）機能があるが，図3-9のような場合，手前のまなぴーと奥の雑誌のどちらにピントを合わせていいのか，AF機能には分からない。手前にピントを合わせたくても，奥にピントが合ったり（図3-9），手前と奥に交互にピントが合ったりするようなこともある。このような場合は，マニュアルフォーカス(MF)モードにすれば，フォーカス位置を固定できる。また，図3-10のように人物2人を撮影するツーショットの場合，人物の間を抜けた背景にピントが合ってしまう場合があるので注意が必要である。その他，水滴の付いた窓越しに外を撮る場合や，横縞の被写体を撮る場合などもAFがうまく機能しないことがあるので，MFモードにしてピントを合わせるとよい。

最近は顔検出AFモードがあるビデオカメラもあり，優先的に顔にピントが合ったり，複数の人がいる場合でも登録した人に優先的にピントが合ったりする機能もある。

図3-9
奥にピントが合ってしまった例

図3-10　ツーショットでの失敗例

(2) ピントの合わせ方（拡大とピーキング）

マニュアルでピントを合わせる簡単な方法は，ズームで望遠にして被写体を拡大表示し，この状態で正確にピントを合わせた後に，必要な画面サイズにする方法である。望遠にする代わりに一時的に画面を拡大表示する機能が付いている機種もある。画面サイズを変えたくない場合に便利な機能である。また，MF モードの状態でも，AF ボタンを押したときだけ，AF 機能が働く機種もある。その他，ピーキングという機能が付いているカメラもある。口絵 2 は，ピーキングを ON にしたときのビデオカメラのモニターである。ピントが合っている部分のエッジに色が付くという機能である。

(3) フォーカスによる演出

「ピン送り」という技法は，例えば，手前の人物から奥の人物にフォーカス位置を移動させて，最初はぼけていた奥の人物にピントが合うことで，注目させるような技法である（図 3-11）。また，全体をわざとぼかしておいてタイトルのバックに使用するようなこともある。

図 3-11　ピン送り

6. 色温度とホワイトバランス

(1) 色温度

色温度（いろおんど，しきおんど）という言葉は，聞き慣れないかもしれないが, 赤っぽいとか青っぽいという光源の色味を表す尺度である。夕日の色は，日中と比べて赤っぽいというのが色温度の違いである。蛍光灯や LED 電球の，電球色，昼白色，昼光色というのも色温度の違いである。色温度の単位は，絶対温度を表す K(ケルビン) である。色温度 5,000K 付近が白色で，それより低いと赤味，それより高いと青味を帯びてくる。朝日や夕日は約 2,000K あたりで，日中の太陽光は約 5,000 ～ 6,000K である。屋内照明の蛍光灯では, 電球色 (約 3,000K), 温白色 (約 3,500K), 白色 (約 4,200K), 昼白色 (約 5,000K), 昼光色 (約 6,500K) である。ハロゲン光源のスタジオ照明は約 3,200K，LED 照明など白っぽいスタジオの照明は約 5,500K となっている (口絵 3，4)。

(2) ホワイトバランス

人間は色順応によって，白い紙はどんな照明下でも白と見えてしまうが，カメラで撮影すると屋外と電球色の照明下では，ずいぶん違って見えてしまう。光源の色味の偏りによる被写体の色味の変化をキャンセルするのがホワイトバランスである。

ホワイトバランスの調整方法は，白い紙やグレースケールチャートを画面一杯に撮影してホワイトバランス（WB）のボタンを押すだけである。最近のカメラは自動で逐次ホワイトバランスを調整する機能がついているものもある。この機能をオート・トラッキング・ホワイトバランス（ATW）という。

学習課題

1．画面内に写っている被写体の大きさがほぼ同じになるように，遠くから望遠で撮影したときと，近くから広角で撮影したときの違いについて説明してください。
2．色温度とホワイトバランスの関係について簡単に説明してください。

参考文献

［1］http://camera-obscura.co.uk/camera_obscura/camera_obscura.asp

4 明るさの調節

《目標＆ポイント》 ビデオカメラには, 明るさの調整に関係する機能がある。アイリス, シャッタースピード, ゲイン, ND フィルターの4つである。これらは, どのように使い分けるのか, そして, 映像はどのように変化するのだろうか。また, 適正な明るさとは何か。本章ではこれらの疑問について考えてみる。

《キーワード》 アイリス, シャッタースピード, ゲイン, ND フィルター, 波形モニター

1. 本章の概要

マニュアル撮影の最初のハードルは, 明るさを調整する際に複数の方法があることかもしれない。本章では, 明るさを調整する機能として, アイリス, シャッタースピード, ゲイン, そしてND フィルターについて説明する。この4つの機能の原理を理解すれば, それぞれの関係も見えてくる。また, これらを調整することで, 撮影する画がどう変化するかということが分かれば, 画作り(えづくり)に, これらの機能を活かすことが可能になる。さらに, 意図しない負の影響についても知っておく必要がある。撮影時のカメラの小さな画面のモニターでは気づかず, 編集時に大画面で見たら失敗に気づいたというミスを未然に防ぐためにも重要である。

2. 適正照度

(1) グレースケールチャートと波形モニター

まず，ビデオ撮影のときの適正照度とはなんだろうか。カメラはレンズの大きさなどにより，同じ明るさの照明環境で撮影してもカメラごとに明るさが異なって写る。そのため，カメラごとに明るさを調整する必要がある。そのときに目安となるのが，反射率83%の被写体を撮影して映像信号が100%となる光の量が適正照度というNHKの基準などである。図4-1左はビデオカメラの白黒のバランスや調整用に使用するグレースケールチャートというものである。これのグラデーションになっているところの右上と左下の明るい部分が83%の反射率となっている。グレースケールチャートを画面一杯に収まるように撮影し，波形モニター(ウェーブフォームモニター)という計測器を用いると図4-1右のように表示される。これは，ビデオ信号波形をGBR（緑青赤）に分解して表示したもので，グレースケールチャートの白い部分が100%のところにくるように 絞りなどで調整する。波形モニターがない場合は，次項で説明する。ビデオカメラのヒストグラムやゼブラ機能を使用して，調整することもできる。

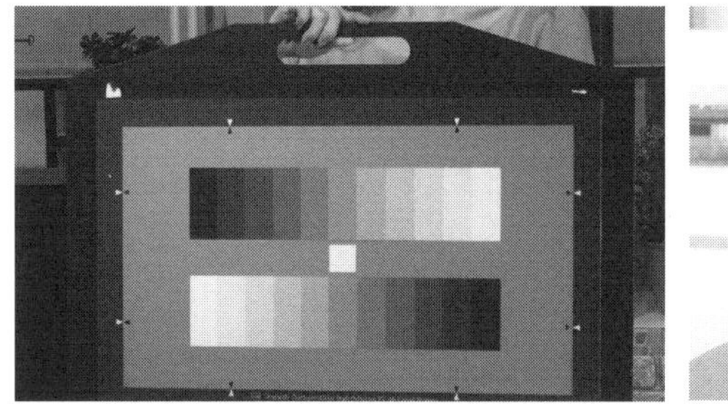
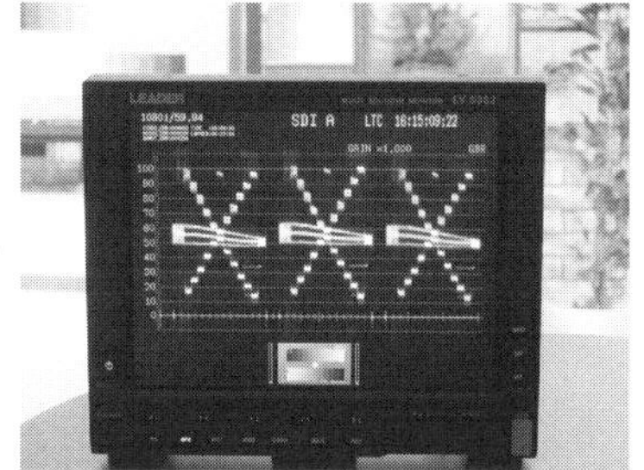

図4-1　適正照度（グレースケールチャート（左），波形モニター（右））

(2) ゼブラ，ヒストグラム

図 4-2 は，ヒストグラムとゼブラを表示したモニターの画面である。

ヒストグラムは，右下の棒グラフで，左が暗い部分，右が明るい部分の輝度の度数分布をグラフにしたものである。つまり，図 4-2 の場合は，明るい部分は少しで，暗い部分が多いということが分かる。

特に気をつけなければならないのは，右端か左端にグラフの山があるときである。この場合，露出オーバーで「白とび」したり，露出アンダーで「黒つぶれ」したりしている可能性がある。映像として記録できる範囲を超えているということなので，データとしても記録されてなく，編集段階で復元することはできない。ピントと同様に撮影時の要注意事項である。

ゼブラは，特定の輝度レベルのエリアを斜めの縞模様で表示する機能である。図 4-2 では，画面左側のまなぴーの羽の部分にゼブラが出ているのが分かる。

ゼブラはカメラマンが使いやすいように設定できる。100% 以上に設定しておくと，そこが白とびしていることが分かり，70% に設定しておき，人の顔の明るさの判断に使う場合もある。2 種類のゼブラパターンを同時に表示することもできる。

図 4-2　ヒストグラムとゼブラ

3. 明るさを調節する

(1) 光量に関係する機能

マニュアル撮影ができるビデオカメラには，図 4-3 のような光量を調整する機能が付いている。機種によってボタンの配置など異なるが，アイリス（絞り），ゲイン，シャッタースピードを調整できる機能が備わっているのが一般的である。また，図 4-4 は ND フィルター（減光フィルター）で，これも光量を調節するものである。この写真の機種ではカメラに内蔵されているが，カメラに内蔵されていない場合は，レンズに装着することもできる。このように調整機能が複数あるのは，同じ明るさであっても，これらの調整によって画の表現を変えることができるからである。

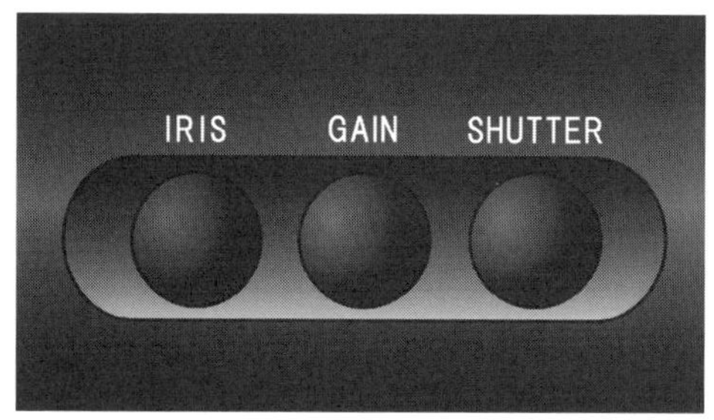

図 4-3　光量を調節する機能

図 4-4　ND フィルター

(2) アイリス（絞り）

アイリスは，レンズ部にある穴の大きさを変え，レンズから入る光の量を調整する機構である（図 4-5）。スチルカメラで絞り優先モードという場合の絞り（aperture）と同じもので，ビデオカメラではアイリス（IRIS）と書かれていることが多い。人間の目は強い光を受けたとき，瞳孔が小さくなるが，これと同じ仕組みである。カメラのレンズをのぞき込んで，アイリスを変えると，この仕組みが見えることもある。アイリスの数値が大きくなるほど絞りは絞られ（穴が小さくなり），光の量が減るので画面は暗くなる（図 4-6）。例えば映像が暗いとき，アイリスを開ける（数値を低くする）とヒストグラムの山は右にシフトしていく（図 4-7）。

図 4-5　アイリス（写真はフィルムの一眼レフカメラ）

開く ←――― アイリス ―――→ 絞る

図 4-6　アイリスの調節による映像の変化

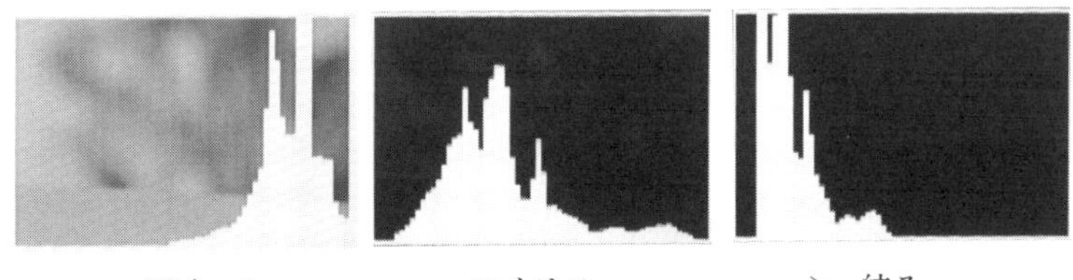

開く ←――― アイリス ―――→ 絞る

図 4-7　ヒストグラム

(3) シャッタースピード

一般的にシャッタースピードを速くするとか遅くするというが，シャッタースピードは，シャッターの開閉速度ではなく，電子シャッターが開いている時間のことである（図 4-8)。アイリスは，穴の大きさで光の量を調節するものだが，シャッタースピードは時間で光の量を調節するものである。速くすると撮像素子に光があたる時間が短くなるので，画面は暗くなる（図 4-9)。

シャッタースピードの初期値は，1/60 秒か 1/100 秒に設定されている場合が多い。これは蛍光灯や水銀灯のちらつき（フリッカー）と同期させるためである。交流電源の周波数が東日本で 50Hz，西日本で 60Hz なので，画面にフリッカーが出てしまうときは，東日本では 1/50 秒か 1/100 秒，西日本の場合は 1/60 秒にシャッタースピードを設定するとフリッカーを軽減できる。なお，プロジェクターで投影された映像は 1/60 秒が多いので，東日本の蛍光灯や水銀灯下でプレゼンなどを撮影する場合は注意が必要である。

図 4-8　シャッター（写真はフィルムの一眼レフカメラ）

速 ← シャッタースピード → 遅

図 4-9　シャッタースピードによる映像の変化

4. アイリスとシャッタースピードによる画作り

(1)　背景をぼかす／くっきりさせる

前節で説明したように，アイリスは光量を調節することができるが，後出の被写界深度は絞りの大きさにも依存するので，同時にピントの合う範囲も設定することができる。図4-10の左右の写真を見比べてみよう。左は図4-10右と同じ状態で，アイリスを絞って撮影したものである。見比べると奥までピントがあっていることが分かる。どちらがよいのかではなく，映像のシナリオによって，どちらが必要なのかが決まる。例えば，遺跡の壁を斜めから撮影するとき，手前にも奥にもピントを合わせたいときは左の写し方になり，背景よりも出演者に注目してほしいときは，右の写し方になるだろう。

アイリスを調整することによって，どちらの写し方も可能になる。その原理の説明として，こんな経験はないだろうか？　教室の後ろから黒板が見えにくいとき，指などで小さな穴をつくって，そこからのぞくと鮮明に見えることがある。これと同じ原理である。アイリスを絞る（数値を大きくする）と，光が通る点が限られるのでブレが小さくなる。したがって左の写真のように手前から奥まで鮮明になる。

図4-10　アイリスの効果

(2) 被写界深度

アイリスを調節すると奥行き方向のピントの合う範囲が変わる。この範囲のことを「被写界深度」と言う。

図4-11の例では，上は並んでいる瓶の中央（3列目）あたりにのみピントが合っているが，中央はピントの合う範囲が深くなり前後にもピントが合っている。下は手前の瓶も奥の背景の棚にもピントが合っているのが分かる。上がアイリスを開けた写真で，下がアイリスを絞った写真である。これまでに，被写界深度が，絞り，焦点距離に依存することを述べたが，被写体までの距離にも大きく依存する。被写体に近づけば被写界深度は浅くなり，離れれば深くなる。

図4-11　被写界深度

(3) シャッタースピードによる画作り

シャッタースピードは，蛍光灯のフリッカーを抑えただけでなく，画の表現を変えることもできる。図 4-12 の上下の写真を見比べてみよう。同じ噴水を，上は速いシャッタースピード（1/1000 秒）で，下は遅いシャッタースピード（1/30 秒）で撮影した映像の 1 コマである。上は水滴が見えるのに対して，下は水が流れて見える画になっている。

図 4-12　シャッタースピードによる画作り

5. 明るさ調節機能の関係

(1) アイリスとシャッタースピードの関係

ここまで，アイリス，シャッタースピードによる明るさの調節と画像の変化について見てきたが，露光量は，(明るさ) × (露光時間) で表され，この量が同じであれば同じ画像が得られる。このことを，明るさを水道の蛇口から出る水の量として考えると分かりやすい。水の量を変えても時間を調節することで，同じ結果（適正露出）となる（図 4-13)。蛇口を絞ると水の出る量は少なくなり，コップ一杯に水をためるには，時間がかかる。また蛇口を反対にひねって水の出る量を多くすると，短時間でコップ一杯に水がたまる。コップ一杯が適正な光の量（適正露出）だとすると，絞った（アイリスの値を大きくした）場合は，時間がかかる（シャッタースピードを長くする必要がある）というような関係である。

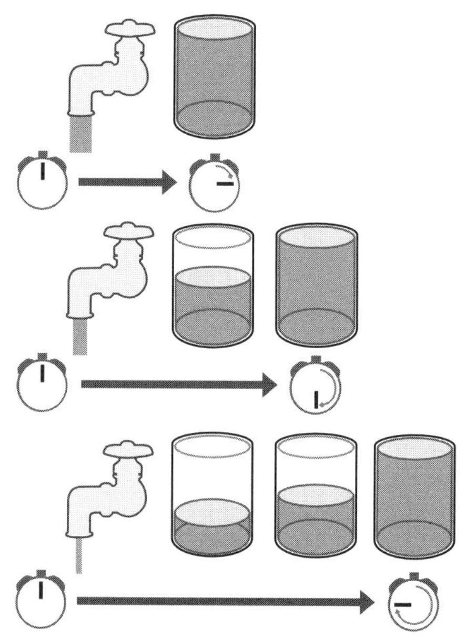

図 4-13　アイリスとシャッタースピードの関係

適正露出になるように，アイリスとシャッタースピードのバランスがとれていれば，どの設定でも問題ない。しかし，撮影された映像が異なるのは前節で見たとおりである。どのように撮影したいのか，それに合わせて設定を決めることができるのが，マニュアル撮影の醍醐味である。

(2)　ゲインと ND フィルターの関係

基本は，アイリスとシャッタースピードの調節で先述の画作りができるが，問題が生じることがある。照明環境が暗すぎてアイリスを絞れないときや，逆に明るすぎて絞りを開けられないとき，また，被写体が動いているのでシャッタースピードを遅く（長く）できないときなどである。こういうときにゲインと ND フィルターを活用することができる。

ゲインは，画面の明るさを変える機能で，明るさが足りないときなどに使用する（図 4-14)。カメラに入る光量を増減させるのではなく，カメラに内蔵された映像アンプによって映像信号の出力を増減させるものである。そのため，ゲインを上げると少しノイズが入ったざらざらした画質になる。

ND フィルター（Neutral Density filter：減光フィルター）は，色温度を変えずに暗くすることができるフィルターである。カメラにフィルターが内蔵され，スイッチで ON にすることができる機種もあるが，レンズの前に ND フィルターを取り付けることも可能である。

図 4-14　ゲイン

学習課題

1．次のような画にしたいとき，アイリス（絞り）をどのように設定すればよいか説明してください。

2．次の図は，アイリス（絞り）とシャッタースピードの関係を，水道の蛇口に例えたものです。この図の説明をしてください。

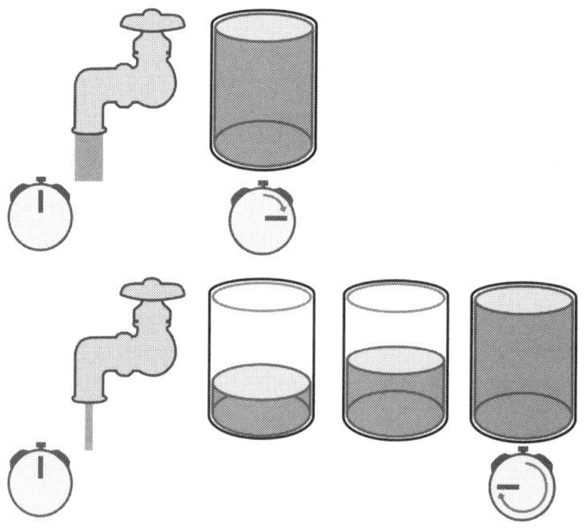

5　カメラワーク

《目標＆ポイント》　手ぶれ防止のためにもカメラは三脚で固定させるのが基本である。しかし，ビデオカメラは動かしながらでも撮影できる。手ぶれを抑えてカメラを動かすには，どのようにすればよいのか。また，どのような装置があるのだろうか。さらに，動かすことによってどのような効果があるのだろうか。本章ではこれらの疑問について考えてみる。

《キーワード》　三脚，カウンターバランス，移動撮影，カメラワーク

1．本章の概要

写真の場合は，カメラを固定して瞬間を捉えるのが基本だが，ビデオの場合は，動きのある映像を撮影するのが基本である。そのためには，被写体が動くか，カメラが動くかのどちらかになる。ビデオカメラを手持ちで動かすと，どうしても手ぶれが発生してしまう。そこで必要なのが，三脚などのカメラを固定したり，滑らかに動かしたりするための装置である。こうした装置を使うか使わないかは，素人の映像とプロの映像の違いの１つでもある。

本章では，こうした装置を紹介し，カメラの動かし方，つまり，カメラワークの種類を紹介する。カメラワークは，基本的なものを分類表として整理した。映像制作者が新しいカメラワークを考案することもあるので，映画などを見るときは注意して見てほしい。

2. 三脚

(1) 三脚を使用する意義

撮影するときの大原則は三脚を使用することである。最近は，臨場感や緊迫感を表現するためか，あえて，手持ちで撮影した手ぶれのある映像を見かけるが，基本は三脚を用いて安定した映像を撮ることである。小さなモニターでは，あまり気にならなくても，プロジェクターで大画面にすると手ぶれも拡大される。講堂で視聴した子どもたちの気分が悪くなったということも実際に起きているので，安定した映像を撮るように心がけることが重要である。

三脚には，スチルカメラ（写真）用とビデオカメラ用がある。ビデオカメラ用には，パンハンドル（操作棒）がついていて，パンなどのカメラワークをするとき，滑らかな動きができるようになっている。また，液体の中に気泡の入った水準器がついていて，カメラの水平を確認できるようになっている（図 5-1）。カメラポジションを変えたら，必ず水平の調節を行ってから撮影しなければならない。

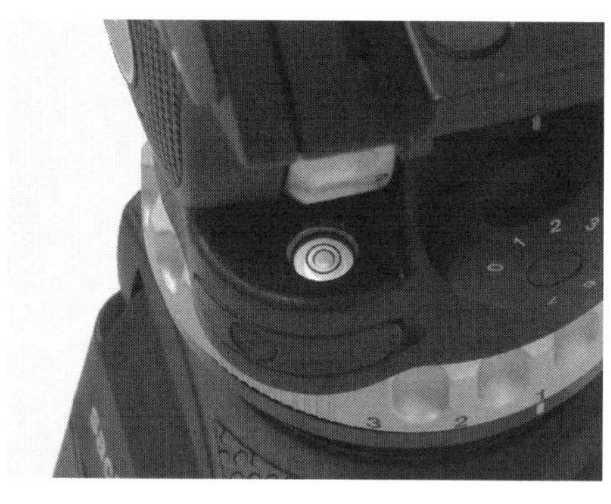

図 5-1　三脚（左）と水準器（右）

(2)　カウンターバランス

ここでは，三脚にカメラを載せたままカメラワークをするときに便利で重要な三脚の機能を紹介する。カメラワークをするとき，カメラの重みや手の震えでガクガクしたり，手の力を緩めたときにカメラが動いたりしがちである。そんなときに役立つのがカウンターバランスという機能である。カメラが傾こうとする力に対して，それと反対の力が働き，どの角度でもカメラが釣り合った状態になる。カメラを上に向けたり，下に向け，途中で手を離しても，カメラはその傾きのまま止まり，ガクンとカメラが動くことがなくなる。

写真用の三脚にはない機能で，ビデオ用の三脚でも少し高機能なものでないと備わっていないかもしれないが，重要な機能なので，三脚を購入するときは検討してほしい。

カウンターバランスの調整方法は，メーカーによって異なるが，図 5-2 を例として説明する。

まず，カメラを三脚に取り付けるとき，カメラの重心が三脚の中央にくるように，スライドプレートの位置を調整する。簡単なカメラの重心の位置の探し方は，カメラの上部の取っ手をつまんでバランスがとれる位置である。

つぎに，カメラの重量に合わせて，カウンターバランス調整つまみを回す（図 5-2 上）。カメラを固定するつまみを緩めた状態で，カメラを少し斜めにして，カメラが自然に傾くようなら，つまみを時計方向に回してバランスを強める。逆に，カメラを縦に動かして手を離すと，カメラが反発するようなら，つまみを反時計方向に回して，バランスを弱める。

カメラを固定するつまみを緩めた状態で，カメラを縦に動かし，手を離しても，カメラが止まった状態であれば，カウンターバランスがとれている状態となる（図 5-2 下）。この状態で，カメラを 8 の字に動かしてみて滑らかに動けば，縦に動かしながら横に動かすような複雑な動きでも，ぎこちなさを軽減することができる。

図 5-2　カウンターバランス

3. カメラを動かす

カメラを移動したり操作したりしないで，固定した状態で撮影することをフィクスと言う。画面サイズを変えるときも基本はフィクスでつないでいく。一方，カメラを操作しながら撮影して変化がある映像にすることをカメラワークと言う。表5-1は代表的なカメラワークの名称である。同じカメラワークでも違った呼び方をする場合も多いが，ここでは，動きの種類を覚え，撮影に活かすことを考えてほしい。

表5-1　カメラワークの名称

カメラ位置	カメラワークの名称
(1) 三脚とカメラを固定してカメラを操作する	ズームイン，ズームアウト ピン送り
(2) 三脚は固定してカメラを動かす	パン，つけパン ティルトアップ（パンアップ） ティルトダウン（パンダウン）
(3) 三脚を動かす	トラックアップ（ドリーイン） トラックバック（ドリーアウト）
(4) 対象の移動とともに三脚を移動する	フォロー

(1)　三脚とカメラを固定してカメラを操作する

カメラを動かさないで，カメラの機能で映像に変化をもたせる方法には，ズームイン／アウトやピン送りなどがある（第３章5. フォーカス（焦点）を参照）。これらはレンズワークと呼ばれることもある。

(2) 三脚は固定してカメラを動かす

① パン

カメラが載っている三脚の雲台を水平方向に回転させることをパンという。図 5-3 は左の船から右の灯台までパンしているところである。図中の枠は，カメラが撮影している画面を表している。パンすることで広い空間をパノラマ撮影のような映像として記録することができる。状況説明のショットでよく使われる技法である。

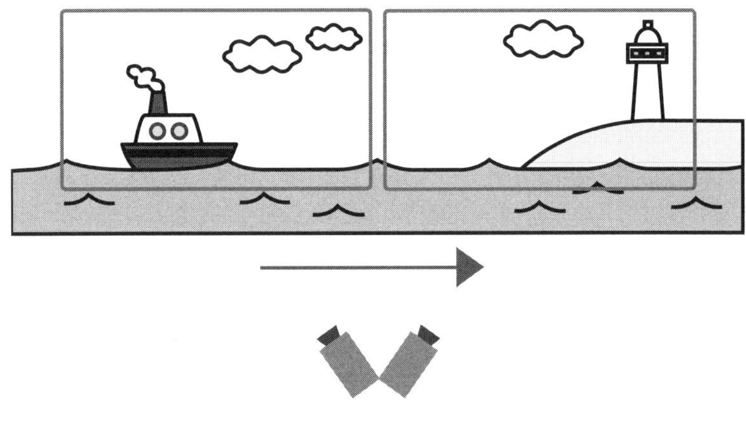

図 5-3 パン

② ティルト

図 5-4 は，三脚の雲台を縦に振るカメラワークで，ビルの高さを強調するような場合に使用する。下から上にカメラを振ることをティルトアップまたはパンアップ，逆に上から下に振ることをティルトダウンまたはパンダウンという。

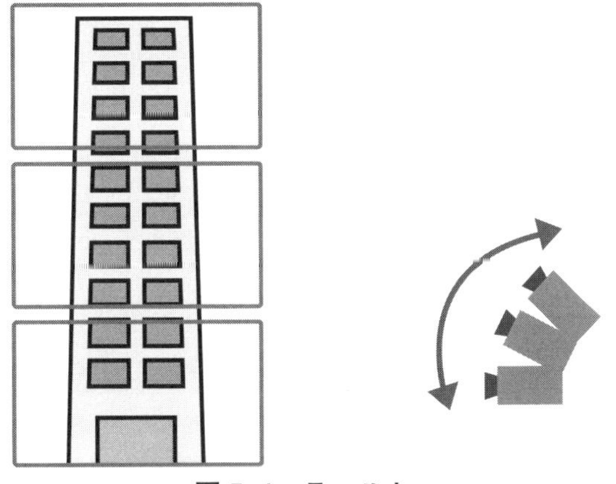

図5-4　ティルト

(3)　三脚を動かす

三脚そのものを動かすこともできる。図5-5は，カメラを被写体に近づけたり遠ざけたりするカメラワークで，近づけることをトラックアップやドリーイン，遠ざけることをトラックバックやドリーアウトという。三脚の底にタイヤ（ドリー）を付けたり，レールを敷いて撮影したりする（図5-6）。第3章で説明したように，ズームイン／アウトと似ているが，背景の変化に違いがある。

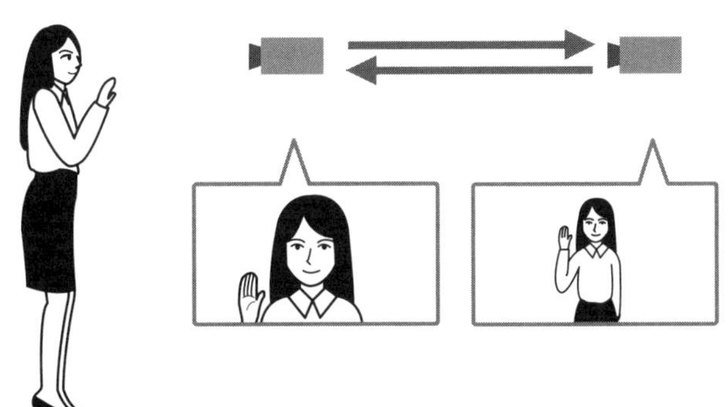

図5-5　カメラを近づけたり遠ざけたりする
（ドリーイン／アウト，トラックアップ／バック）

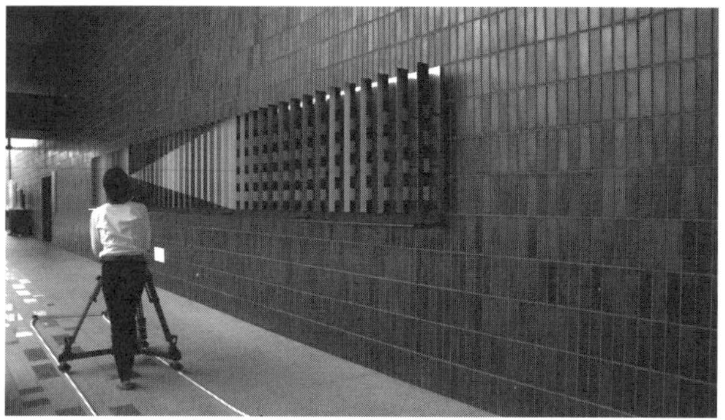

図 5-6　ドリー（上）とレール（下）

(4)　対象の移動とともに三脚を移動する

移動している被写体をカメラが追いかける場合をフォローと言う。図5-7はその例で，車で並走したり，レール上を移動したりして撮影する。

ちなみに，三脚を固定したまま，パンで被写体を追うことは「つけパン」などと呼ぶ（図5-8）。

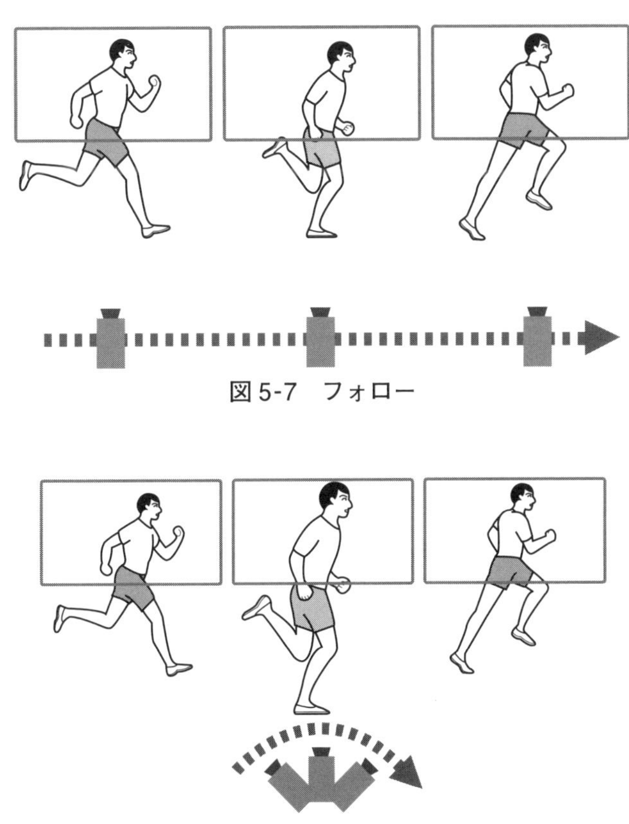

図5-7　フォロー

図5-8　つけパン

4. 特殊機材

カメラワークとしてカメラを動かすということは，手ぶれの発生や水平が保たれないという視聴者にとって見づらい映像になる可能性がある。それらを抑えるためには，カメラワーク用の機材を用いる。またはほかの物で代用する。どうしても機材などを使えない場合は，カメラの手ぶれ防止機能を使うか，脇を締めて息を止めながら撮影する。ここでは，その他のカメラワーク用機材をいくつか紹介しておく。

図 5-9 は小型クレーンで，俯瞰（ふかん）からローアングルまでスムーズにカメラを移動できる。図 5-10 は階段を上り下りしながらでも画面が揺れることが少なくなるようになる装置で，ステディカムというものである。歩きながらの撮影になるため，もちろん上下左右の動きはあるが，カメラが斜めになりにくいように下に重りがついてバランスがとれている。画面が斜めにならないと，視聴していても気分が悪くなることを軽減できるようである。図 5-11 はアクションカムというものである。超小型のカメラで頭部に装着できるため，スポーツをアスリートの視点で撮影したり，料理人の視点で調理を撮影するようなときに使う。また，超広角で高解像度であるため全体を俯瞰して撮影する場合にも使われている。図 5-12 は，アクションカムやスマートフォンを取り付ける撮影用のジンバルである。どの向きにしてもカメラを水平に保たせる電動の装置で手ぶれを抑制できる。図 5-13 はスライダーという装置である。先述のフォローの移動を数十センチくらいの範囲内で簡易にできる装置である。三脚に取り付けることも可能で，手前の被写体と背景の奥行き感を出すような場合に効果的である。

図 5-9　小型クレーン

図 5-10　ステディカム

図 5-11　アクションカム

図 5-12　ジンバル

図 5-13　スライダー

もう１つ近年の映像表現を大きく変えた特殊機材が，図 5-14 のような小型ドローン（マルチコプター）である。無人航空機にカメラとジンバルがついているため，ブレの少ない空撮が容易に可能である。ただし，ドローンで空撮を行う場合は必ず最新の航空法に従わなければならず，また，保険に入っておくことも必要である。自宅の庭や公園なら自由に飛ばせるということでは決してなく，ドローン規制に従わなければならない。必要な場合は，申請して撮影許可を得なければならない。また，安全運航管理者をおき，天候により撮影を中止するなど，安全第一の判断が重要である。これらのように近年多くの特殊機材が登場しており，効果的な映像表現が可能になってきている。

図 5-14　ドローン

学習課題

1．ビデオ撮影で，三脚を使う意義を説明してください。
2．三脚のカウンターバランスとは何かを説明してください。
3．カメラワークを３つほど取り上げ，どのような表現をするときに効果があるかを考えてください。

6 構図とイマジナリーライン

《目標＆ポイント》 人物を撮影するとき，体全体を入れることもあれば顔のアップにすることもある。画面における被写体のサイズはどのように決めればよいのか。何か基準はあるのだろうか。風景を撮影するときは，どんな構図にすればいいのだろうか。また，2人の人物を交互に撮影するときは，どの方向から撮影すればよいのだろうか。本章では，これらの疑問について考えてみる。

《キーワード》 画面サイズ，構図，イマジナリーライン

1．本章の概要

いざ撮影しようとすると，カメラをどの位置に置いて，どの向きで，三脚はどの高さにし，ズームはどの程度にするか等々，具体的に決めていかないといけない。ただなんとなくではなく，すべてのショットには意味があるべきである。

本章では，画面サイズ，アングル，構図について紹介する。また，2人以上の人物を交互に撮影するときなどで重要なイマジナリーラインについて少し詳しく説明する。撮影方法については放送番組で映像として示すが，印刷教材では，リストを掲載するので，視聴メモとして活用していただきたい。

2. 画面サイズ

(1) 人物の部分

映像では，画面内の被写体のサイズ（画面サイズ）に名前が付いている。図 6-1 と表 6-1 は，人物の場合の画面サイズとその略称である。CU はクローズアップ，BS はバストショット，WS はウエストショット，KS はニーショット（Knee Shot），FF はフルフィギュア（Full Figure）である。さらに引いて背景も入っているような画は LS（ルーズショット，ロングショット）と呼ばれている。

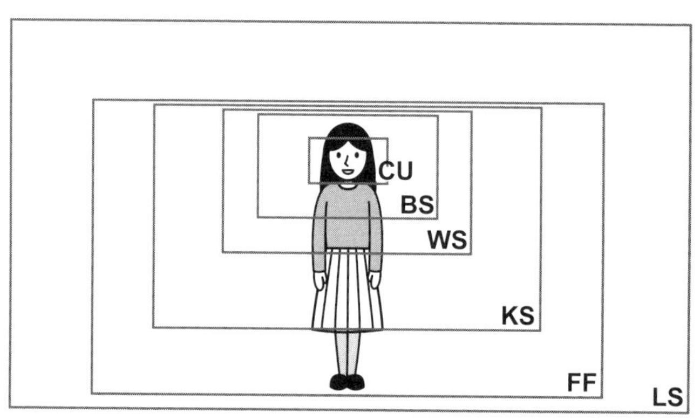

図 6-1　画面サイズ

表 6-1　人物の場合の被写体のサイズ

名称	略号	撮影される範囲
フルフィギュア	FF	人物全体
ニーショット	KS	ひざから上
ウエストショット	WS	腰から上
バストショット	BS	胸から上
クローズアップ	CU	BS 以上の大きさ，一部分

(2)　異なった画面サイズをつなげるときの注意点

この画面サイズを，内容に合わせて切り替えると単調さを軽減できる。ただし，少ししか変化していない画面サイズをつなげることは避けるようにする。例えば，図6-2右のように，一回り大きいBS（ルーズバストショット）から一回り小さいBS（タイトバストショット）にカットつなぎされた場合，カット切り替えの意図が表現できなく，視聴者が混乱するからである。撮影しようとしている画面サイズで何を表現したいかを考えて撮影することが重要である。

図6-2　異なる画面サイズのつなぎ方の例（よい例（左），悪い例（右））

(3)　画面内の被写体のサイズ

その他，少し引いて画面に対して余裕があるときを「ルーズ」と少し寄って画面いっぱいなときを「タイト」という。さらに，被写体の画面内に占める大きさには，名前がついており，「ロングショット」「ミディアムショット」「クローズアップ」のような呼び方をする（表 6-2）。これは被写体が人物でない場合にいうことが多い。

表 6-2　被写体のサイズ

名称	略号	撮影される範囲
ロングショット	LS	被写体の背景を含む
ミディアムショット	MS	被写体の主要な部分
クローズアップ	CU	被写体の強調したい一部分

(4)　人物の数

人物 1 人の撮影をワンショット（1S），2 人をツーショット（2S），複数の場合はグループショット（GS）という（図 6-3）。

図 6-3　人物の数

3. アングル

カメラの高さと被写体の角度のことをアングルという。被写体より低い位置からの撮影をローアングル，被写体の目線で，ほぼ水平のアングルを「目高」といったりする。被写体より高いアングルをハイアングルといい，さらに高い位置になると俯瞰という（図6-4，表6-3）。

アングルは，被写体との心理的関係の意味も含まれるので，注意する必要がある。特に演出的意図がないときは，被写体の目線になるように三脚の高さを調整するとよいだろう。

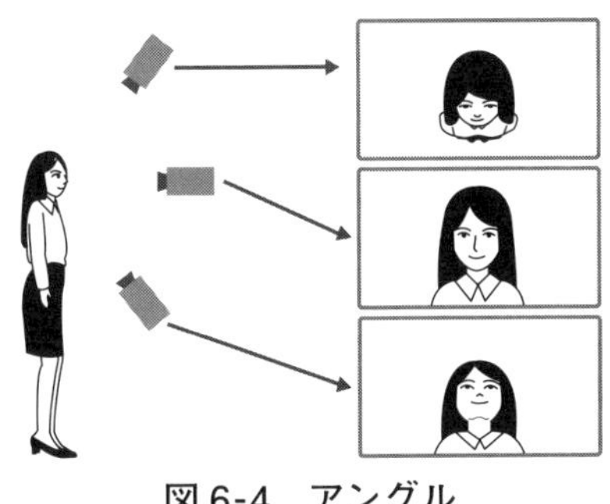

図6-4　アングル

ローアングルとローポジションを混同しがちだが，ローポジションはカメラが水平のままでカメラ位置が低いことをいう。

表6-3　アングル

名称	アングル
目高（めだか）	被写体の目線で，ほぼ水平
ローアングル	下から上，アオリともいう
ハイアングル	上から下，大人目線
俯瞰（ふかん）	高い所から全体を見る

4. 構図

ビデオカメラのメニューにはグリッドの表示／非表示の設定がついているものが多い。表示に設定すると，図 6-5 のような縦横 2 本ずつの線が表示され，画面の縦横三分割の位置が分かるようになる。この線は構図を決めるときの補助線となるので，覚えておくと便利である。

例えば，湖に浮かぶヨットを撮影するとき，図 6-5 左のようにヨットを画面の中央においた構図にしがちである。これを日の丸構図と呼び，花などをアップで撮影するときはいいが，一般にはあまりよくない構図といわれている。

三分割のグリッドの使い方は，図 6-5 右のように交点に被写体を置くとよいとされている。ヨットの進行方向が画面に対して右のときは左の交点あたりに，進行方向が左のときは右の交点あたりにという具合である。

人物の顔のアップの場合も，顔が向いている方の画面を広めにするとよく，顔が向いている方の画面が狭いと何か別の意味があるようで違和感を生じる。

図 6-5　日の丸構図（左）と三分割法（右）

5. イマジナリーライン

(1) イマジナリーラインを越えない

イマジナリーラインとは，カメラをどこに置けばいいかというときの考え方である。カメラを配置する場合，原則的には「イマジナリーラインを越えない」ことに気をつけなければならない。例えば，2人の対話の場合で考えてみる（図6-6）。上から見て，2人を結ぶ線を想定してみる。これは目に見えないが，イマジナリーラインと呼ばれている。カメラは，このラインより手前で撮影したら，次のショットからは，ラインを越えて反対側に行ってはいけないということである。

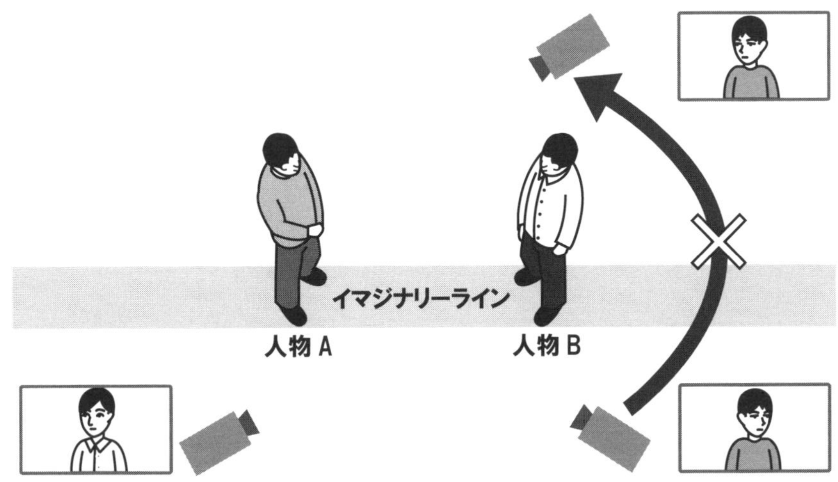

図6-6　イマジナリーラインを越えない

(2) なぜイマジナリーラインを越えてはいけないのか

イマジナリーラインを越えてはいけない理由は，カメラが手前にいる分には，カメラが動いても各被写体の目線方向は変わらないが，越えてしまうと2人の位置関係がくずれてしまうからである。図6-6のカメラの横の枠が，そのカメラが撮っている画面である。図6-7のように2人の対話を撮影するとき，イマジナリーラインを越えなければ，図6-8のように向き合っているように自然に見えるが，イマジナリーラインを越えて撮影すると図6-9のように2人が同じ方向を向いているように見えてしまう。

図6-7　2人の対話

図6-8　自然な対話

図6-9　不自然な対話

(3) 対話以外の場合

列車の撮影の場合は，線路がイマジナリーラインになる。越えてしまうと，列車の進行方向が変わって見え，別の列車が来たように見えてしまう（図6-10）。

図6-10　列車の場合は線路を越えて撮影しない

(4) イマジナリーラインを越えなければいけない場合

どうしても越えなければいけない場合は，位置関係が分かるロングショットを入れるなどして，視聴者の混乱を防ぐことが必要である。ドラマなどでは，逆に混乱を与えるための演出として，イマジナリーラインを越えて撮影する場合もある。

また，3人以上が会話している場合は，イマジナリーラインは話し手と聞き手の状況に合わせて逐次変化していく。

学習課題

1．画面サイズとアングルの例を示してください。
2．画面サイズを変えて撮影したときの編集上の注意点を述べてください。
3．構図の三分割法について説明してください。
4．イマジナリーラインについて説明し，カメラ位置がイマジナリーラインを越えると何が問題になるかを述べてください。
5．イマジナリーラインを越えなければいけないときの注意点を述べてください。

7　照明

《目標＆ポイント》 暗い場所で撮影するときは光量を補うために照明をつける。しかし，ただ明るくするだけでいいはずがない。では，照明を使うときは何を考慮すればよいのだろうか。照明の色はどうするか，照明を置く場所はどうするかなど，疑問はたくさんある。本章ではこれらの疑問について考えてみる。

《キーワード》 色温度，三点照明，内式ライティング，フィルター

1．本章の概要

「照明だけは専門家でないと…」，ロケ現場などで撮影スタッフからよく聞く言葉である。カメラマンやディレクターのような映像の専門家であっても，照明の専門家ではないので難しいということである。難しい理由は，照明は単に暗いところを明るくするだけでなく，演出的要素が強く要求されるからだろう。例えば，夜間の撮影でも，キッチンに射し込む光で朝を表現したり，照明だけで列車の通過を表現したりする演出などである。また同じ場所でも，SF やホラーなど映像の内容に合わせた雰囲気にすることも必要である。本章では，この奥の深い照明について，基本となることを押さえてみる。

2. 照明が必要なとき

図 7-1，図 7-2 は，窓の前で撮影した例である。フルオートで撮影したのが図 7-1 である。カメラのオート機能で，屋外の背景を適正な露出にしたため，被写体である窓の前のまなぴーは暗くなっている。いわゆる逆光の状況である。

図 7-1　照明を使わないとき（フルオート）

このとき，カメラをマニュアルモードにして，アイリス（絞り）を開けていくと，図 7-2 のようにまなぴーは明るくなっていく。しかし，アイリスを開くと全体的に明るくなるので，背景が明るくなりすぎて，白飛びしてしまっている。

図 7-2　照明を使わないとき（アイリス開放）

図7-3は，照明をまなぴーに当てた例である。背景は図7-1と変わらずビルも見え，被写体のまなぴーは図7-2よりも明るくなった。屋外の明るさに合わせるには，かなり強力な照明が必要となる。

これと似た状況は，例えば，日中の台風の状況を屋内にいるレポーターが解説する場合などである。屋外の暴風雨の状況と屋内のレポーターの顔を同時に撮るためには，日中でも照明が必要になる。

図7-3　照明を使用

3. 順応

夜間のフライトで飛行機に乗ったとき，離着陸時に機内の照明が落とされ暗くなる。あれは夜景を見ることが目的ではなく，もし万が一，緊急脱出しなければならない場合，機内が明るいままだと，外に出たとき真っ暗に見えて危険だからである。映画館など，しばらく薄暗いところにいると最初は暗くて何も見えないが，しだいに瞳孔が開き，見えやすくなる。逆に暗い所から明るい所に行くときは，まぶしくて見えないということもあるが，しばらくすると慣れる。こういう目の慣れのことを順応という。

このことは，撮影時に注意しておかなければならないことで，人間の目で見た感じと，カメラで撮影した映像は違うということである。人間の目は高性能なので，図 7-1 の状況でも，まなぴーが暗いとはあまり感じないのである。このことを忘れてしまうと，撮影後になって失敗に気づくということが起きてしまうため，撮影時には必ずモニターで確認しておく必要があるのである。

第３章でも説明したが，明るさだけでなく，色についても同じである。赤っぽい照明の中にずっといると，白い紙は白く見えるが，カメラで撮った映像は，赤っぽくなっているかもしれない。照明環境が変わったら，必ずホワイトバランスを取り直すことも忘れてはいけない。

4. 照明の配置

(1)　自然な当て方

照明は暗い被写体に当てて明るくすればよいというわけではない。図7-4のように下から照明を当てると不自然で，壁には大きな影ができてしまっている。ホラー映画のような演出の場合はいいが，それ以外の場合は，自然な当て方，つまり，照明が目立たない当て方を心がける必要がある。

図7-4　不自然な照明の当て方

自然な当て方とは，屋外なら太陽の光，屋内なら天井の照明のように上から当てるということである。図7-5は，左右に２つ丸が写っているが，どちらが凹んで見えるだろうか？　おそらく左で，右は逆に出っぱって見えると思う。実はこの写真，膨らんでいる丸を撮影して，同じ物を上下逆さにしただけのものである。人間は太陽光が上からあたる地上に生きているので，上に影があると凹んで見え，下に影があると出っぱって見えるのが日常の状態である。したがって，照明も上から当たっていないと不自然に感じるのである。

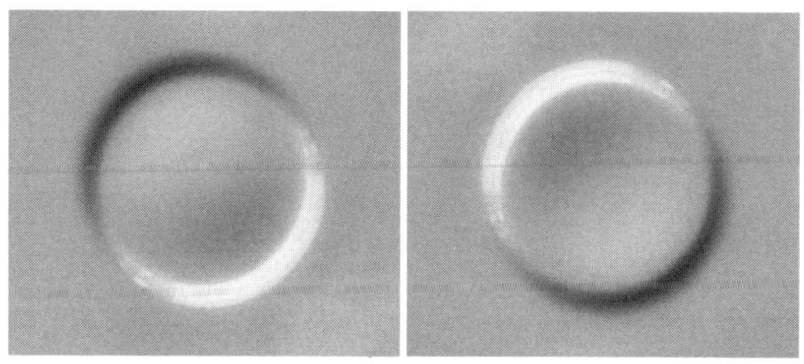

図 7-5　どちらが凹んで見えるだろうか？

(2)　レンブラントライティング

また，人物照明の場合，真正面から当てるのではなく，斜め 45° というのが基本になっている。17 世紀に活躍したオランダのレンブラントという画家は，多くの肖像画を残したが，その多くは正面から見て 45° の上方から光が当たっている。顔には光が当たった面と影の面があり，立体感がうまく表現されている。このレンブラントにちなんで，斜め 45° から当てる照明は，レンブラントライティングと呼ばれているのである。

図 7-6 は，レンブラントライティングで，まなぴーに照明を当てたものである。レンブラントの肖像画のように光と影が表現されている。また，この当て方は，複数の照明を使う場合のメインの照明（キーライト）となることが多い。

図 7-6　レンブラントライティング（キーライト）

(3)　三点照明

照明の当て方としては，三点照明（三灯照明）が主流になっている。図7-7はその配置である。斜め45°にキーライトを置く。図7-6は，キーライトのみ当てた状態である。しかし，画としては，画面の右側の羽などに影がありすぎるように感じる。キーライトでできた影をフィルライト（「おさえ」ともいう）で薄める。フィルライトの明るさは，キーフライトの1/3程度にする（図7-8）。キーライトと同じ明るさだと，フィルライトの影が新たに発生してしまうのと，立体的な人物の顔に影がなくなって平坦になってしまうからである。

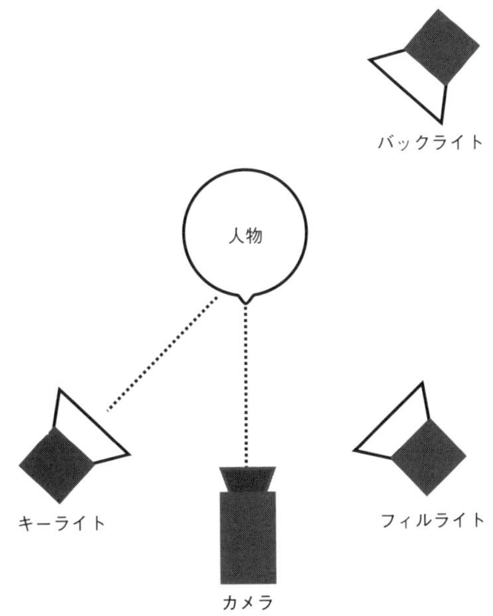

図7-7　三点照明の配置

図 7-8　フィルライト

バックライトは，被写体の背後から照らすライトである（図 7-9）。カメラからは，被写体の輪郭が明るく見える。モデリングライトや「逆」とも呼ばれている。

このキーライト，フィルライト，バックライトの 3 点（灯）による照明が図 7-10 である。図 7-6 のキーライトのみの場合と比較すると，影が薄まり，輪郭がはっきりし，テレビの照明らしくなったのが分かると思う。

図 7-9　バックライト

図 7-10　三点照明

(4)　出演者が２人の場合の照明

出演者が２人で，対談しているときの照明は，内式ライティングが基本である。内式ライティングとは，向き合っている内側の頬を，外側の頬より明るくするということである。内式ライティングの照明配置には，カメラのある前側にライトを置く前クロスライティング，後ろに置く奥クロスライティング，前と後ろに１つずつ置く直線ライティングがあるが，図 7-11 の前クロスライティングが日本では多いようである。

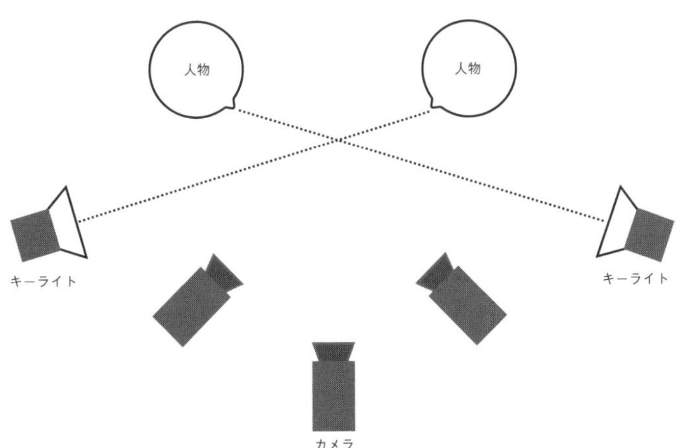

図 7-11　前クロスライティング

5. 照明の色

(1) 照明の色温度とLED照明の普及

色温度については，第3章および口絵3，4で説明したが，放送用スタジオの照明には，約3,200Kと約5,500Kがあり，日中の太陽光は約5,000～6,000Kという数値は覚えておいてほしい。最近はLEDの照明が普及し，約3,200Kから約5,500Kの間で色温度を調整できる照明器具も多い。LED照明の質も向上しているため，筆者が収録する際は，ほとんどLED照明を使用している。消費電力も低く，バッテリーが使えるものもあり，ロケ先での電源をあまり心配しなくてもいいという利点もある。

(2) 演色性

照明には演色性という指標もある。これは自然の白色光の下で見たときの色を基準とした色の見え方のことである。最近では減ってきているがトンネルなどに使われているオレンジ色のナトリウムランプのもとでは，色の区別が付きにくい。ナトリウムランプは演色性が非常に低いのである。水銀灯も演色性は低く，ビデオ撮影の照明には向かない。これと同じように，蛍光灯やLEDにも演色性の低いものがあるので注意が必要である。演色性は平均演色評価指数Raが使われることが多く，Raは85以上の照明が望ましい。撮影用の照明ならほとんど問題ないと思われるが，家庭用の照明を使う場合は気にしておく必要がある。約3,200Kのハロゲン光源は演色性が高いため，スタジオの照明によく使われていたが，最近は省エネから，蛍光灯やLEDになってきている。照明の演色性の違いは，光源に青紫から赤までの可視光のエネルギーがどれだけ含まれているかという分光分布が異なるからである。

6. 照明の補助道具

(1)　色温度変換フィルターとディフューザー

照明器具には3,200Kくらいの赤みのあるハロゲン光源や，5,500Kくらいの昼白色のLEDや蛍光灯の照明があることは先述した。図7-2のように窓からは太陽光があり，屋内の照明で3,200Kのハロゲンライトをそのまま使うと色味の混じった違和感のある画になってしまう。こういうときのために，色温度変換フィルターというものがあり，金属製の洗濯バサミのようなものでライトの前に取り付ける。3,200Kを5,500Kに変換するなどブルーのBシリーズフィルターや，その逆のアンバーのAシリーズのフィルターなどがある。また，照明のコントラストがきついときは，光を拡散させるパラフィン紙のディフューザーを重ねることもできる。ディフューザーにはトレーシングペーパーなどを代用することもできる。フィルターを取り付ける場合は，ハロゲン光源のように発熱の高い照明の場合は燃えないように細心の注意を払わなければならない。

(2)　レフ板，カポック

日中の屋外などでは，照明器具では光量不足になるので，太陽光を反射させて被写体にうまく当てる。銀色の面と白い面のあるレフ板や，カポックと呼ばれる白い面と黒い面のある発泡スチロール製の板がある。鏡を使って照らす場合もある。また逆にカポックの黒い面で余分な光をさえぎったりすることも可能である。

7. スタジオの照明

スタジオの天井にはたくさん照明が吊り下げられているが，基本的には，スポットライトとフラッドライトの２種類の組み合わせである（図7-12）。三点光源にするときは，スポットライトをキーライトやバックライトにして，光を拡散させて全体を明るくするフラッドライトをフィルライトにする。図7-13はスポットライトのみを当てた照明，図7-14はフラッドライトのみを当てた照明で，図7-15が，両方を当てた照明である。スタジオには，その他に，壁に色を付けるホリゾントライト（口絵5）や，出演者をきれいに撮るためのキャスターライト（図7-16）などがある。

図7-12　スポットライトとフラッドライト

図7-13　スポットライトによる照明

図 7-14　フラッドライトによる照明

図 7-15　スポットライトとフラッドライトによる照明

図 7-16　キャスターライト

8. 照明で最も重要なこと

いつも照明を使うのがよいということではない。曇りの日など，光が被写体の全体に当たって照明がなくても，きれいな照明の状態になっているときもある。照明の基本は，「違和感のない自然な照明」である。過剰な照明は禁物で，その場の雰囲気を損なわないようにすることが重要である。照明を当てていることを気づかれないのがいい照明といえるのかもしれない。

照明器具は，転倒して事故につながったり，高熱でやけどしたりと危険を伴う。電源コードにひっかけないように養生テープで固定したり，革手袋をはめて作業するなど，細心の注意をするように心がけることが最も重要なことである。

学習課題

1．レンブラントライティングについて説明してください。
2．三点照明について説明してください。
3．内式ライティングについて説明してください。
4．色温度と色温度変換フィルターについて説明してください。
5．スポットライトとフラッドライトの違いについて説明してください。

8 マイク

《目標＆ポイント》 ビデオカメラには内蔵マイクが備わっている。しかし，テレビなどの撮影風景では，マイクをさおに付けているのをよく目にする。また，トーク番組などでは，出演者が胸にピンマイクを付けている。なぜ，プロは内蔵マイクを使っていないのだろうか。マイクにはどんな種類があり，どう使い分けているのだろうか。本章ではこれらの疑問について考えてみる。
《キーワード》 カクテルパーティ効果，マイク，指向性

1．本章の概要

「カクテルパーティ効果」というのをご存じだろうか？　周りが騒がしい状況でも，自分の名前が出てきたときや，興味ある人の声は聞き分けられるといった現象のことである。しかし，この騒がしい状況を録音した音からだと聞き分けるのが難しくなる。このことは，特にロケ収録のときに思い出してほしいことである。例えば，撮影中は出演者の声がよく聞こえていたのに，再生したらエアコンのノイズが大きくて聞き取れなかった，というようなことが起こるからである。

本章は，音声がテーマである。音声は映像にとってとても大切な要素だが，つい確認を忘れがちな要素でもある。また，出演者の声がはっきり聞き取れないと映像全体の内容もつかめなくなってしまう。そこで本章では，出演者の声をクリアに収録するための基礎知識として，外部マイクの種類とカメラへの接続方法を中心に紹介する。

2. 内蔵マイクと外部マイク

ビデオカメラにはマイクが内蔵されている。この内蔵マイクを使い，録音レベルをオートにしておけば，環境音は，だいたいきれいに収音できる。エアコンのノイズの場合も，エアコンの電源を消せば解決できるだろう。

しかし，雑踏の中での会話の収録のような場合は，雑踏の音を消すことはできない。雑踏の雰囲気は残しつつ，会話がクリアに聞こえるように，収音方法を工夫しなければならないのである。このような場合，内蔵マイクだけでは難しいので，外部マイクを使うことになる。図 8-1 は，ビデオカメラの音声入力端子で，業務用の場合は，図 8-1 左のようなXLR3（キャノン 3 ピン）コネクター，家庭用の場合は，図 8-1 右のようなミニプラグの端子などがあり，ここに外部マイクを接続する。接続方法は機種によって異なるので，各機種のマニュアルで確認する必要がある。

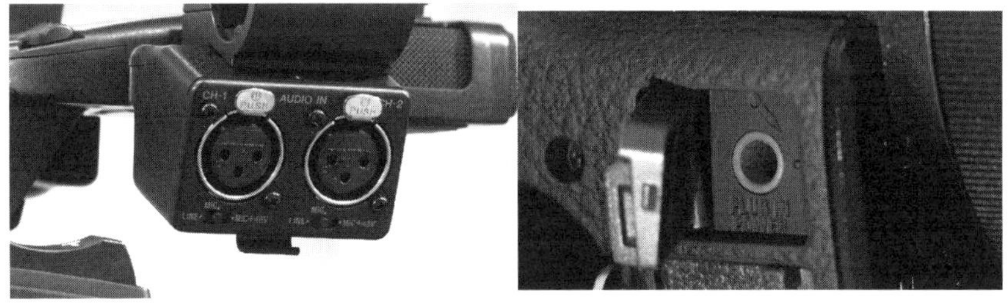

図 8-1　音声入力端子

3. マイクの種類（外部構造）

ドラマのロケなどで，マイクが棹（ブーム）の先に付いているのを見たことはあると思う。これは，ガンマイクというものである（図8-2左上）。マイクの種類としてはほかに，トーク番組などで出演者が胸に付けているピンマイク（ラベリアマイクロホン）（図8-2左下），ボーカルや司会者が持つハンドマイク（ハンドヘルド型）（図8-2右上），ナレーション収録などで使用するサイドアドレスマイク（図8-2右下）などがある。大きさや形が違うので一目瞭然だが，これらのマイクは内蔵マイクとどのような違いがあるのだろうか？

マイクにある指向性という特性や，電源の要不要という内部構造の違いから，整理してみる。

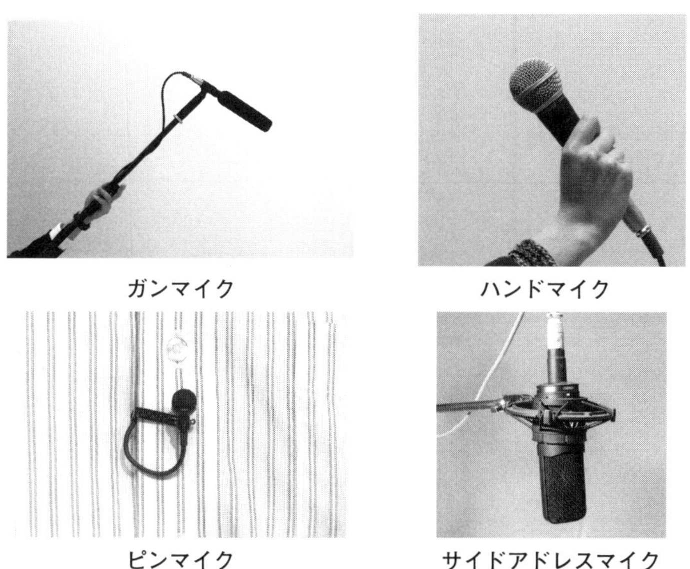

図8-2　マイクの種類

4. マイクの指向特性

特定の方向の音を捉えやすくしている特性を指向性といい，マイクは，全指向性，超指向性，単一指向性，双指向性などに分類できる。

(1) 指向特性の種類

① 全指向性（無指向性）

ビデオカメラの内蔵マイクは基本的にステレオで，周りの音がまんべんなく収音されるようになっている。この360°ほぼ均等に収音できる特性を全指向性または無指向性という。図8-2では，左下のピンマイクが全指向性である。ピンマイクは，出演者の胸ポケットくらいの高さに取り付ける。出演者の声を収音するには，出演者の胸に取り付けられたピンマイクの方が有利である。ただし，襟などに付けてしまうとあごの影になって音がこもるようなことがあるので注意が必要である。また，インタビュー用のハンドマイクにも全指向性のものがよく使われる（図8-3）。全指向性のため，インタビューアーとインタビューイーに交互にマイクを向ける必要はなく，インタビューイーの方にずっと向けておけば，インタビューアーの声も拾えるのである。

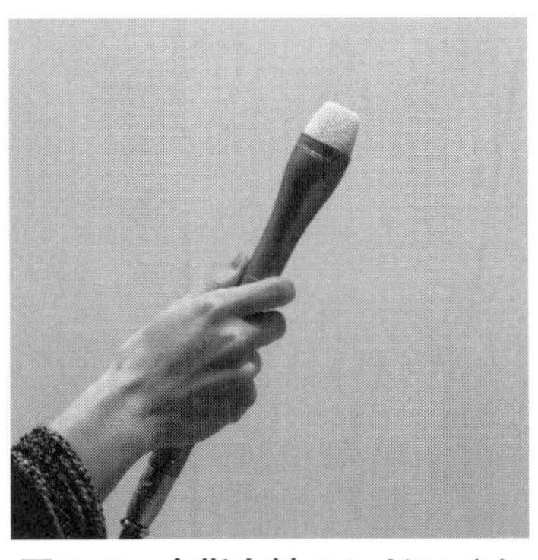

図 8-3　全指向性ハンドマイク

② 超指向性

図8-2左上のガンマイクは，超指向性（鋭指向性）で，マイクの向いている方向の音が入りやすい特性をもつ。そのため，目的の音源から多少離れていても収音できるのが特徴である。望遠鏡のようなマイクということである。ドラマのロケなどでは，ピンマイクが見えてしまうと不自然なので，このガンマイクがよく使われているのである。

③ 単一指向性

正面の感度が高く，背面の感度が低い特性をもったマイクである。図8-2右上のハンドマイクが単一指向性である。ボーカルや司会など，目的以外の音を入れたくない場合に使用される。単一指向性のピンマイクもある。

④ 双指向性

正面と背面の感度が高く，側面の感度が低い特性をもったマイクである。ラジオでの対話のようにマイクを挟んで2人が話すような場合に使用されている。図8-2右下は，指向性を切り替えることができるマイクである。図8-4がそのスイッチで，左の丸の位置が全指向性，中央が単一指向性，右の8の字マークの位置が双指向性である。

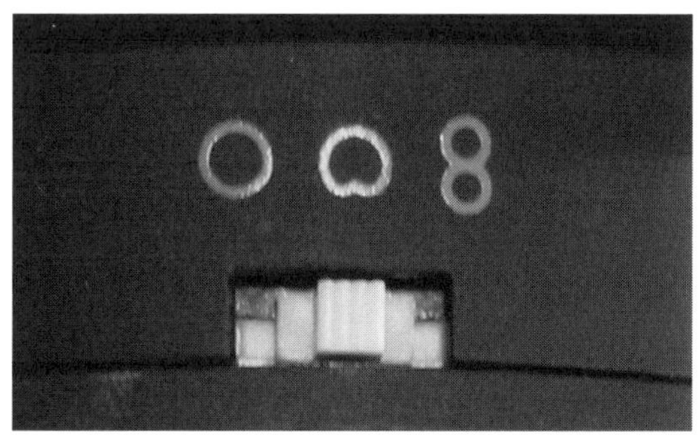

図8-4　指向性の切り替えスイッチ

(2) 単一指向性マイクの正しい持ち方

単一指向性マイクの場合，マイクを図 8-5 の右のように持ってしまうと，指向性を出すための構造が機能しなくなり，全指向性マイクとなってしまう。このような持ち方をする歌手を見かけることもあるが，マイクの特性を活かすためには，このような持ち方をしてはならず，左のように持たなければいけない。

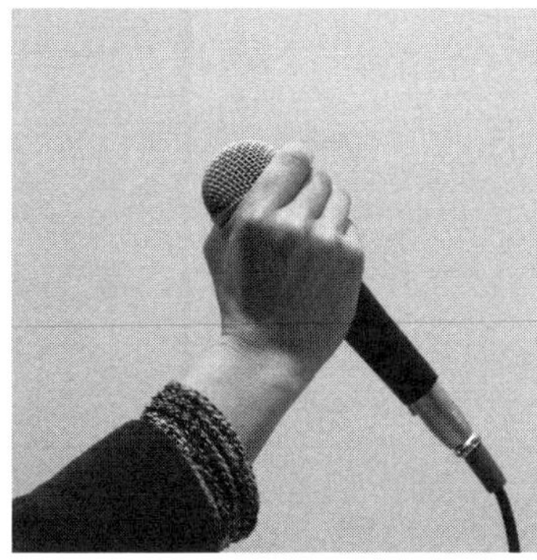

図 8-5　単一指向性マイクを右のように持ってはいけない

5. 電源の要不要（内部構造）

マイクには，電源が不要なタイプ（ダイナミック型）と電源が必要なタイプがある。電源が必要なタイプには，さらに，48V の直流電圧（ファンタム電源）をかける DC バイアス型（コンデンサ型）と乾電池程度の電源で作動するエレクトレットコンデンサ型がある。この 3 種類がよく使われている。

マイクは，音，つまり空気振動を電気振動に変換する装置である。上記の 3 種類の違いは，この変換する装置の内部構造の違いによるものである。

各形式の特徴と用途を表 8-1 にまとめた。一概にいうことは難しいが，ダイナミック型マイクは頑丈なのでボーカルなどに，コンデンサ型はスタジオレコーディングなどに，エレクトレットコンデンサ型は小型でガンマイクやピンマイクに使われていることが多いようである。

表 8-1　マイクの内部構造の形式と用途

内部構造の形式	電源の要不要	特徴と用途
1）ダイナミック型	不要	頑丈， ライブステージのボーカルやカラオケなど
2）コンデンサ型	ファンタム電源	湿度や風圧に弱い， スタジオレコーディングなど
3）エレクトレットコンデンサ型	乾電池か ファンタム電源	小型で強度は普通， ガンマイク，ピンマイクなど

図 8-2 の中では，ハンドマイクがダイナミック型，サイドアドレスマイクがコンデンサ型，ガンマイクとピンマイクが，エレクトレットコン

デンサ型である。エレクトレットコンデンサ型の多くは，乾電池だけでなく，ファンタム電源でも作動するものが多い。これらの違いは外見からは分からないので，各マイクの説明書などでの確認が必要である。

マイクの種類として，1）外部構造（ガンマイク，ハンドマイクなど），2）指向特性（全指向性，超指向性など），3）内部構造（ダイナミック型，コンデンサ型など）の３つの分類方法で説明した。これは，同じハンドマイクでも，全指向性のものも単一指向性のものもあり，さらに，ダイナミック型のものもコンデンサ型のものもあるということである。この中から，収録の条件に応じたマイクを選ぶことになるのである。

6. ビデオカメラ側の設定

マイクを選んだら，次は，カメラに接続することになるが，カメラの入力端子をよく見ると，「LINE　MIC　MIC+48V」と書かれたスイッチがあるのが分かる（図8-6）。外部マイクを使うときに混乱するのは，このあたりからだと思うので，整理しておこう。

このスイッチと，マイクの外部構造や指向性とは関係ないので，電源の要不要の内部構造の分類のみに注意する。表8-2にスイッチの設定に対応した形式を記した。接続するマイクがダイナミック型の場合は，電源は不要なので，スイッチをMIC（マイク）にする。接続するマイクがコンデンサ型の場合は，ファンタム電源(直流48V)が必要なので，スイッチをMIC+48Vにする。また，接続するマイクがエレクトレットコンデンサ型の場合，マイクに電池が内蔵されているかどうかでスイッチが異なる。電池が内蔵されている場合は，スイッチをMICにし，電池が内蔵されていない場合は，スイッチをMIC+48Vにする（ファンタム電源が使えるマイクの場合)。

残ったLINE（ライン）は，図8-7のようなポータブルミキサー経由でマイクを接続するときなどに使用する。詳しく言うと，ミキサーの出力設定がLINEレベル（+4dBu）のときはスイッチをLINEに，ミキサー経由でもMICレベルで出力されているときは，スイッチをMICにすることになる。なお，「dBu」については，第9章を参照されたい。

図8-6　入力設定

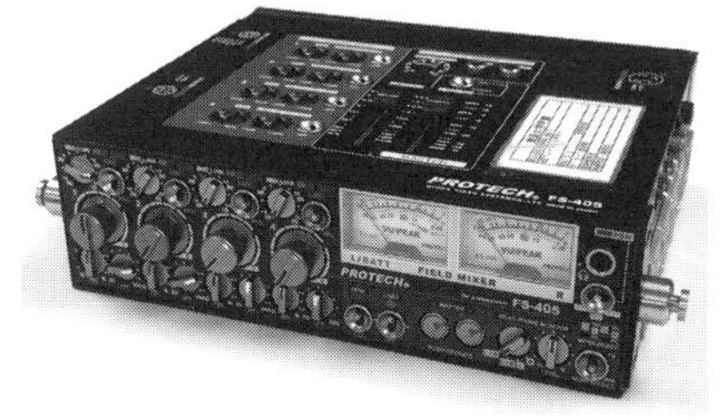

図8-7　ポータブルミキサー

表 8-2　カメラ側の設定

入力設定	対応するマイクなど
LINE	ミキサーなどからの LINE レベル（+4dBu）
MIC	ダイナミック型 エレクトレットコンデンサ型（電池内蔵の場合）
MIC+48V	コンデンサ型 エレクトレットコンデンサ型（電池なしの場合）

あとは，カメラの音声入力を内蔵マイクから外部マイクに切り替え，カメラのモニターに表示されるオーディオレベルメーター（図 8-8）が振り切れたり，小さすぎたりしなければ OK である。

ここで紹介した設定方法は，機種によって異なるが，基本的には同様である。

図 8-8　オーディオレベルメーター

7. 何を伝えるためかを考えて収録方法を工夫する

本章では，音声の質を向上させるために，外部マイクを使用する方法を紹介した。さらに一歩進むためには，何を伝えるためかを考えて，収録方法を工夫することが重要である。

例えば，インタビューの収録としても，いろんなマイクを使うことが考えられる。まず，ガンマイクを使用したとする。ガンマイクは超指向性なので，マイクの指向軸が口元に向かってなければならない。質問者側と回答者側に交互にマイクを向けていては，はずれることもあるだろうし，映像的にも落ち着いて見ていられない。全指向性のハンドマイクなら，マイクは回答者側に常に向けておくだけで，反対側の質問者の声も入る。質問者より回答者の声の方が強調されて，メリハリもつくだろう。また，時間的余裕のある収録のときは，双方にピンマイクをつけた方が自然な会話になることも考えられる。このようにいろんな条件を考えてどのマイクを使うのが適切かを判断するのが重要である。

ほかの例としては，普段は風防などを使用して風の音が入らないように注意するが，台風中継のときは，むしろ風の音が少しくらいあったほうがいいかもしれない。どの方式が正解ということはないので，いろいろ工夫するとよい。

学習課題

1．ダイナミック型マイクとコンデンサ型マイクの違いについて説明してください。
2．マイクの指向性について説明してください。
3．マイクを選ぶときに注意する点を述べてください。

9 音声

《目標＆ポイント》 音量が小さすぎると聞き取れないし，大きすぎると割れてしまう。収録するときの音量は何を基準に決めればいいのだろうか。機材にはメーターがついているが何が単位なのだろうか。ミキサーなどの音声機材はどう使えばいいのだろうか。音声の編集はどうすればいいのだろうか。本章ではこれらの疑問について考える。

《キーワード》 VU メーター，ピークメーター，dB，ラウドネスメーター

1. 本章の概要

第８章では，マイクの種類や特性について学んだ。音声については，もう少し詳しく知る必要がある。音声レベルもオートにしておけば，おおむね問題なく録音できるが，複数のマイクを使ってミキサーを通すような場合は，dB（デシベル）というものを理解しなければならない。デシベルという言葉は聞いたことはあるかもしれないが，これは少し取っつきにくいものなので，ここでしっかり理解してもらいたい。これが分かれば音声機器のメーターの意味が分かるようになるだろう。

また，音声も収録した後，編集を行うのが一般的である。カット＆ペーストやノイズの除去などが，パソコンのソフトで可能である。これについても知ってもらいたい。

2. 音とは

(1) 音は空気の圧力の波

まず，音とは何かということから確認しておこう。糸電話で遊んだ経験はあるだろうか。糸電話の場合は，紙コップの底の振動が糸の振動となって伝わっていく。普段，話したり，音楽を聞いたりするときは，音は空気の振動として伝わっていく。空気の振動とは，物体の振動（楽器の振動など）がその周りの空気の圧力を変化させ，それが音波という波になって伝わっていくのである。太鼓の場合で考えてみよう。太鼓を叩いてすぐに膜を触ると振動しているのが分かる。その膜が振動しているとき，周りの空気を押したり引っ込めたりするのが繰り返されているため，その部分の圧力が微妙に変わり，その変化が伝わっていくのである。空気の圧力とは気圧のことである。だから，音圧は気圧の単位と同じで，台風のときに天気予報で聞く，Pa（パスカル）である。もともと大気圧はあるので，音が発生したときの空気振動は大気圧からの差分ということになる。

図 9-1 は音の伝わり方を砂で見る静岡科学館の展示である。高い音だと波の間隔が狭く，低い音だと広くなるのが分かる。

図 9-1　音の波を見る

(2)　音を伝える

音は，糸電話の糸や空気という音を伝える媒質がなければ伝わらず，真空状態では音は聞こえない。媒質は空気だけでなく水のような液体や鉄のような固体でも音は伝わる。音の速さは，1気圧の乾燥空気で331.5+0.61t（tは温度（℃）），つまり，15℃で1秒間に約340mであるが，水中ではその約4倍の速さで伝わる。金属ではさらに速くなる。

では，マイクは何をしているかというと，空気の振動を電圧の変化に変換しているのである。電圧に変換されると，プラスとマイナスを交互に行き来する交流になる。大気圧の状態が0ボルトで，空気振動で変化した気圧の差分が電圧の変化となって伝えているということである。

(3)　音の３要素

音の要素には，大きさ，高さ，音色がある。大きさは音の大小，高さは音の高低，音色は波形の違いである。図9-2は，この3つの要素の波形の違いを示したものである。

①　音の大きさ

図の上段は音の大きさで，音が大きいということは電圧が高いということ，音が小さいということは電圧が低いということである。左は音が大きく，右は音が小さいときの波形である。

②　音の高さ

図の中段は音の高さで，左右の波形を見比べると，低い音は波長が長く，高い音は波長が短いのが分かる。弦楽器も弦がゆっくり動く振動だと低い音で，速く動く振動だと高い音ということである。この音の高さの単位は，1秒間に何回空気が振動したかというHz（ヘルツ）になっている。ちなみに，人間の聞こえる周波数（可聴周波数範囲）は，20Hz から 20kHz といわれている。もちろん個人差があり，加齢によって高い音は聞こえにくくなる。

③　音色

図の下段は音色で，左右の波形を見比べると，同じ音の高さ，同じ波長ではあるが，波形が異なっているのが分かる。

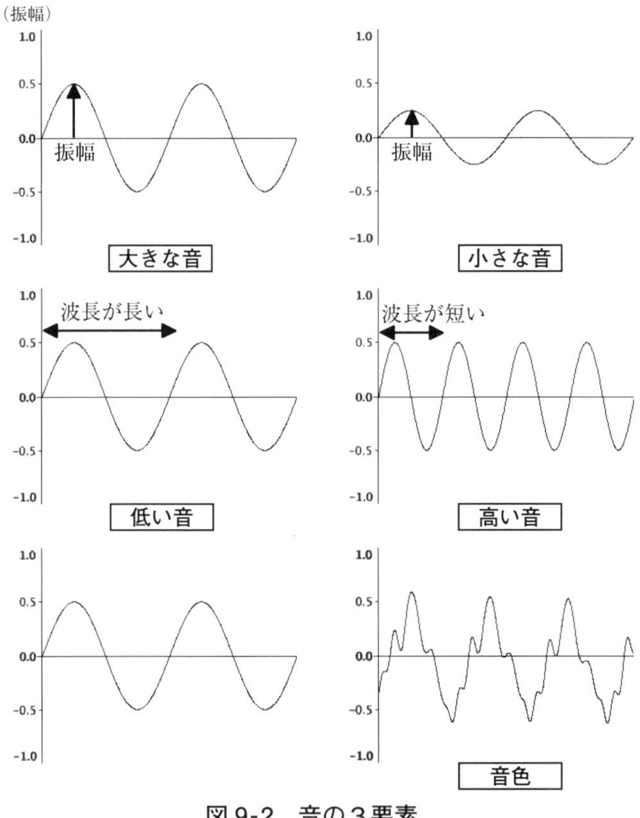

図 9-2　音の３要素

3. 音声のデジタル化

音声のデジタル化の方法について確認しておく。デジタル化とは数値データに置き換えるということである。図9-3左のような波形をデジタル化するときは，どのくらいの細かさで数値化するかを決めなければいけない。どのくらいというのは，時間軸に対してと大きさに対してである。時間軸は，1秒間に何回サンプルをとってくるか（標本化）ということで，サンプリング周波数という。図9-3の中央と右では横軸方向のグリッドの細かさが違うのが分かると思う。CDオーディオの場合は，44.1kHzサンプリングである。今度は，音の大きさに対してどのくらいの細かさにするかということで，縦軸を何分割にするかということになる（量子化）。CDオーディオの場合は，16bit（65,536段階）になる。映像編集時の最後にエンコードをするときなど，ステレオかモノラルか，44.1kHzか48kHzかなどを選択することになるので覚えておこう。

ちなみに，ビデオカメラの音声記録フォーマットでは，48kHzサンプリング，16bit量子化のものが多い。

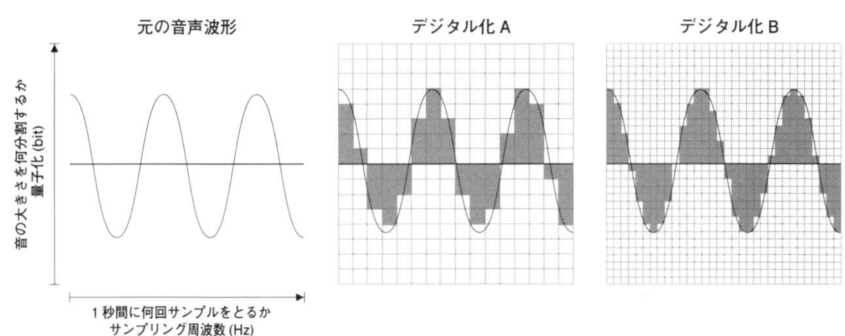

図9-3　音声のデジタル化

4. デシベル（dB）

音響では，デシベルという言葉が頻繁に出てくる。このレベル調整のツマミやメーターに書いてあるデシベル（dB）とは何のことだろうか。取っつきにくいデシベルだが覚えてしまえば，メーターも読めるようになるので，理解してもらいたい。ちなみにdは小文字でBは大文字である。

デシベル（dB）のデシとは，デシリットル（dL）のデシと同じ，1/10のことである。1Lの1/10が1デシリットルであるのと同じである。次にベルとは何だろうか。ベル（B）とは10のn乗というときのnを2倍にしたものである。したがってdBとは，10のn乗のnを20倍にしたものということになる。この説明では分かりにくいので，もう少し具体的に説明しよう。

まず，10の2乗は100，10の3乗は1,000，10の4乗は10,000である。10のn乗のnを20倍にしたものがdBだったので，100（2乗）は40dB，1,000（3乗）は60dB，10,000（4乗）は80dBとなる。このようにどんどん桁が増えてしまう数値を，dBを使うと短く表記できるというメリットがある。

つぎに，10の−1乗（マイナス1乗）は1/10，10の−2乗は1/100，10の−3乗は1/1,000，10の−4乗は1/10,000である。10の何乗の何を20倍にしたものがdBだったので，1/10（−1乗）は−20dB，1/100（−2乗）は−40dB，1/1,000（−3乗）は−60dB，1/10,000（−4乗）は−80dBとなる。そして，10の0乗は1なので，1は0dBとなる。

つまり，ここでいうデシベル（dB）とは，基準音量に対してどのくらいの音量になっているかという相対的な比率ということができる。基準音量$X0$，評価音Xのとき，次のような式で表せる。

$$X\mathrm{dB}=20\log_{10}\left(\frac{X}{X0}\right)$$

表9-1は早見表なので参考にしてもらいたい。「6デシ下げて」というような言い方をした場合，−6dB，音量を1/2にするということである。

表9-1　デシベル早見表

デシベル	音量
60dB	1000倍
40dB	100倍
20dB	10倍
12dB	約4倍
6dB	約2倍
3dB	約1.4倍
0dB	1倍
−3dB	約0.7倍
−6dB	約0.5倍
−12dB	約0.25倍

通常，単位としてデシベル（dB）と表記するときは，騒音レベルの単位になるが，それ以外は相対量としてデシベル，つまり，単に比較するだけの倍率表示である。そのほかの単位としては，dBの後に，dBm，dBu，dBV，dBSPLなどがつく。

dBmは，1mW（ミリワット）を0dBとした電力の単位で，インピーダンスが600Ω系の伝送で0dBmは電圧でいえば0.775Vとなる。dBuは，音響機器などで用いられる電圧の単位で，0dBuは0.775Vとなる。dBVは，マイク感度で，1Vが0dBVとなる。dBSPLのSPLはSound Pressure Levelの略で音圧のことである。

5. 音声レベルのメーター

撮影中，音声レベルの確認をする必要がある。カメラマンはビデオカメラのモニターに表示される図8-8のようなオーディオレベルメーターを見るが，これは，各製品で統一された規格ではない。そのため，技術スタッフの音声さんは，専用のレベルメーターを使用して確認している。ここでは，VUメーター，ピークメーター，ラウドネスメーターを紹介する。

(1) VUメーター

VUメーター（図9-4）は，アナログのレコーダー時代には最も使われていたメーターで，現在でも多く使われている。VUとはVolume Unit（音量感）のことで，VU値が単位で，0VUは+4dBmとなる。このあたりのことは，少し複雑だが，1kHz正弦波信号を入力した場合に0VUとなることを覚えておこう。それから，メーターの応答速度は，300msつまり0.3秒で，0.3秒以上継続する信号が入ったときに正確なレベルを指示する。それより短い瞬間的な音は低くなるので注意が必要である。

図9-4　VUメーター

(2) ピークメーター

デジタルレコーダーの時代となって必須のものとなったのがピークメーター（図9-5）である。メーターの応答速度が10msと短い瞬間的なピークも表示できるのが特徴である。ピークメーターの単位は，dBFS(dB Full Scale Digital)で，0を越えると音は歪んでしまう。一般的に 20dBまたは−18dBをVUメーターの0VUとして運用している。

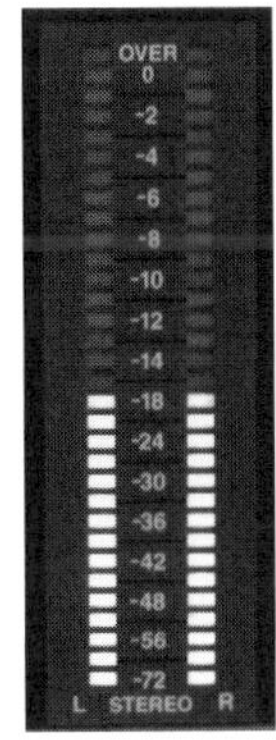

図9-5　ピークメーター

(3) ラウドネスメーター

アナログ放送の時代に，CMになると突然音量が大きくなってうるさいとか，あるチャンネルは音量が小さくて，リモコンの音量操作を頻繁に行っていたという経験があるのではないだろうか。しかし，今は，チャンネルや番組によって，さほど音量の差は感じなくなった。これは，放送局各社がラウドネス運用をはじめたからである。図9-6は，放送局などで使用しているラウドネスメーターである。人間の聴覚は周波数特性をもち，同じ音圧レベルでも周波数が異なると大きさが異なって感じられる。この人間の聴覚が感じる音の感覚量をラウドネスと呼ぶ。

これを等高線として結んだものが図 9-7 の等ラウドネス曲線である。ラウドネスメーターはこれを基準にしたもので，ラウドネス値の単位はLKFS(Loudness K-weighting Full-Scale) である。番組の開始から終了までの平均ラウドネス値が −24LKFS ±1dB というのが基準となっている。これにより，番組やチャンネルによりまちまちだった音量が比較的統一されたのである。

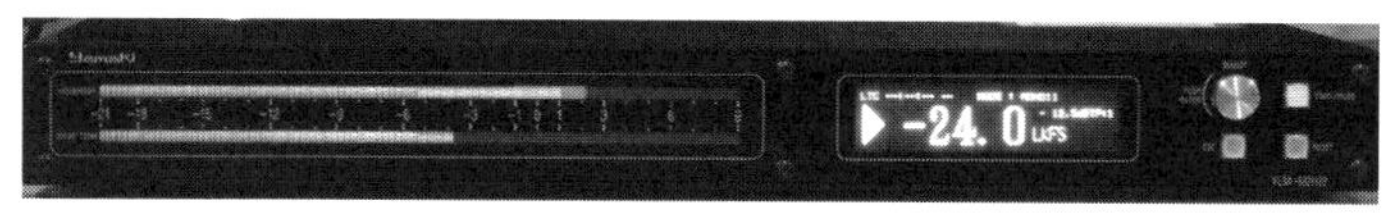

図 9-6　ラウドネスメーター

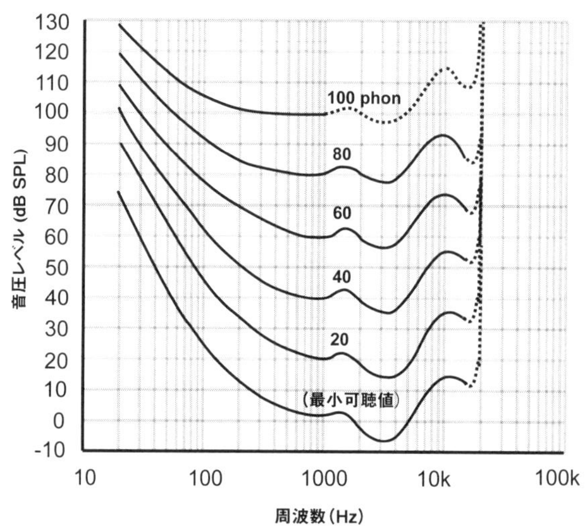

図 9-7　等ラウドネス曲線（ISO226）（一部改変）
（出典 : Wikimedia Commons）

6. 音声の編集とノイズ除去

映像編集と同じように音声専用の編集ソフトもある（図9-8）。波形を見ながら，レベルを上げ下げしたり，エコーをかけたりするような効果も可能である。また，環境音のノイズのみを除去するような機能も備わっている（図9-9）。

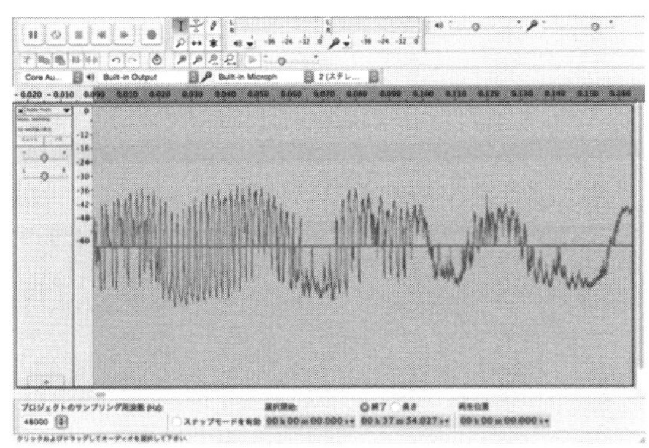

図9-8　音声編集ソフト（Audacity）

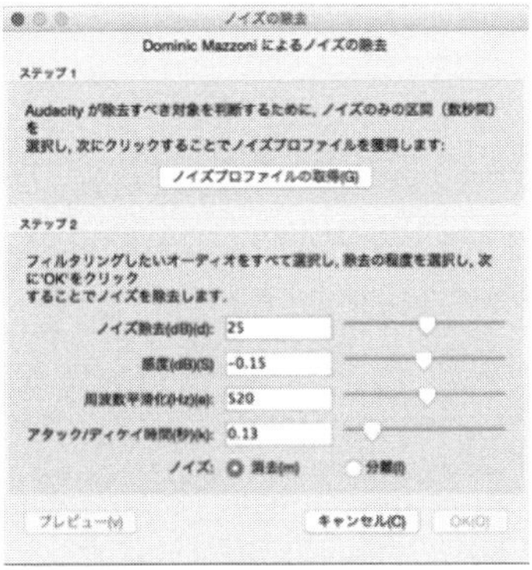

ノイズの除去
Dominic Mazzoni によるノイズの除去
ステップ1
Audacity が除去すべき対象を判断するために，ノイズのみの区間（数秒間）を
選択し，次にクリックすることでノイズプロファイルを獲得します:
ノイズプロファイルの取得(G)
ステップ2
フィルタリングしたいオーディオをすべて選択し，除去の程度を選択し，次に'OK'をクリック
することでノイズを除去します.
ノイズ除去(dB)(d): 25
感度(dB)(S): -0.15
周波数平滑化(Hz)(e): 520
アタック/ディケイ時間(秒)(k): 0.13
ノイズ: 除去(m)　分離(I)
プレビュー(V)　キャンセル(C)　OK(O)

図9-9　ノイズ除去のパラメーター設定

学習課題

1．音の３要素について説明してください。

2．音声のデジタル化について説明してください。

3．デシベルについて説明してください。

10 プリプロ

《目標＆ポイント》 映像の制作工程は，プリプロ，プロダクション，ポスプロの３つに分けることができ，実際の制作に入る前段階がプリプロである。撮影前の企画段階では具体的にどこまで決めておかなければならないのだろうか。企画書にはどんなことをかくのか，シナリオができたら次は何をしなければいけないのかなどを本章では考えてみる。
《キーワード》 プリプロ，企画書，ログライン，シナハン，ロケハン，撮影計画

1．本章の概要

映像の制作工程は，プリプロ（プリプロダクション），プロダクション，ポスプロ（ポストプロダクション）の３つに分けることができる。プリプロは，撮影に入る前の工程で，企画書を書き，シナリオを作り，ロケハンに出かける段階になる。ポスプロは，撮影後の工程で，編集，色調整，音声の編集，調整，テロップ入れなどを行い，映像を仕上げることになる。ここまでの章では，主にプロダクションの工程での，映像の収録に関して取り扱ってきた。本章では，プリプロについて，企画書，ログライン，ロケハン，シナハン，撮影計画について述べる。プリプロのうちシナリオについては第11章で詳しく解説する。

2. 映像コンテンツ制作工程

映像作品を制作する過程は，その規模や種類によって異なるが，基本的には，図10-1のように，実写撮影やCGなどの素材を作成する「プロダクション」の工程を中心に，前工程が「プリプロダクション（プリプロ）」，後工程が「ポストプロダクション（ポスプロ）」となっている。

プリプロについては，次節で詳細に説明するので，ここでは，それ以外のプロダクションとポスプロについて説明する。

プロダクションとは，実際の実写撮影や素材となるCGなどの作成の工程である。本科目では，第12章（撮影実践）などで取り上げている。

ポスプロとは，主に編集の工程である。最近の編集は，撮影した映像素材を，コンピュータ内のハードディスクなどに取り込み，ノンリニア編集ソフトで編集し，テープやディスクに書き出すのが主流である。色彩補正，音楽，ナレーション，効果音なども編集ソフトなどで行うことができ，また，CGとの合成もコンピュータ内で処理する。本科目では，第13章（編集実践）などで取り上げている。

VFXは（Visual Effects）は，実写のビデオ映像にCGを合成するような効果をつける技術である。

それぞれの工程の役割を把握し，次の工程に支障なくつなげられるようになることが共同作業である映像制作の重要な点である。

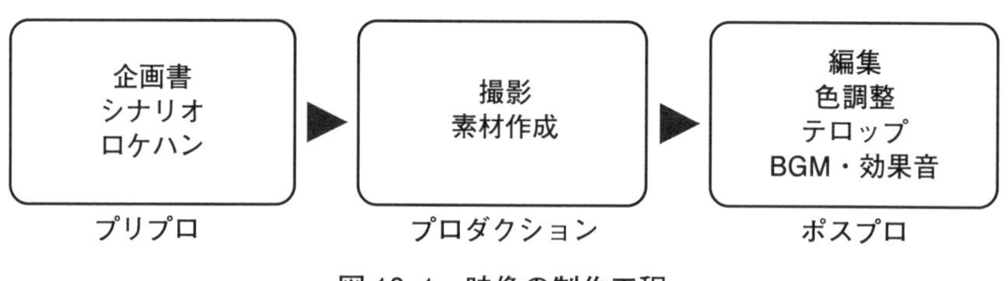

図10-1　映像の制作工程

3. 企画

撮影などの工程に入る前のプリプロの段階では，主に紙ベースで検討を行う。ここで決められたことは，その後の設計図となるので重要な作業である。

(1)　企画書

①　企画書の役割

まず，企画書は，プロデューサーなどが，この映像を作るかどうかを決めるための検討材料となるものなので，実現性や特徴（売り）が分かりやすく書かれている必要がある。自分 1 人で映像を作る場合も，自分の考えをまとめるために書いておくのがよい。書式はさまざまだが，以下のような項目があるのが一般的である。

タイトル：
ジャンル：
ターゲット：
予算：
制作期間：
ログライン：

②　ターゲット

授業で大学生が初めて企画書を書くとき，ターゲットの項目に，若者全般などと書く学生が非常に多い。ただ，あまりに広い層を対象にしては，ターゲットの意味が無くなってしまう。子ども向けなら，2 歳児向けとか小学校低学年向け，社会人なら，入社したばかりの人を対象にするなど具体的に絞り込んで書くことが重要である。結果的に広い年齢層が見る状況になったとしても，いちばん見てもらいたい層を明記しておくと，制作途中での迷いを減らせる。

③ ログライン

具体的な内容がイメージできる説明のことをログラインとかワンラインと呼ぶ。1，2行でどんな話かを書いた文章である。例えば，

> 「未来のジャーナリストがタイムワープで過去に調査に出かけ，歴史の教科書に載らないような一般人の生活を報告する話」
>
> （NHK「タイムスクープハンター」）

> 「空気の重さを天秤ばかりで量ろうとするが，失敗が続く。発想を転換して量る方法を見つけ，ほかの気体も量れるようになる」
>
> （岩波科学教育映画「空気の重さ」）

のような感じである。2時間の映画でもログラインは1，2行で説明しなければならない。この一言で説明できるという明確な筋がないと，シナリオでも，何が言いたいのか分かりにくくなってしまうからである。ログラインは映像制作の中で最も重要なことなのである。

4. シナリオ

(1) シナリオの要素

シナリオは文字のみで,「柱」「ト書き」「台詞」の 3 要素で構成される。柱はシーンの場所と時間帯，ト書きは「と，入ってくる」などの動作やカメラに写る情景を描写する。台詞は誰が話すのかの名前（ツノ書き）と会話，主人公の内心，ナレーションが入る。例えば，以下のような感じである。シナリオについては第 11 章で詳しく紹介する。

--- シナリオの例 --

○放送大学・正門（朝）

　　　地図を手に立ち止まる，近藤智子（34）。

智子「ここかー」

　　　電波塔を見上げる，智子。

　　　智子，地図をバッグにしまいながら入っていく。

----

(2) シナハン

シナリオの執筆に入る前は，舞台になる場所を実際に訪ねて，散策し，イメージを膨らませる。その土地の雰囲気や文化の違いは実際に自分で行ってみないと分からないものである。こうした取材のことをシナハン（シナリオハンティング）という。

(3) 絵コンテ

絵コンテは，映像表現をさらに具体的に示したものである。シナリオやロケハンをもとに，カット割り，構図，カメラワークなどを決め，台詞・ナレーション，SE(サウンドエフェクト)，ME(ミュージックエフェクト)などを書いたものである。図 10-2 は絵コンテの例である。アニメや CG は言葉での表現が難しく，また，同じシーンでも分担して作画する場合があるため，絵コンテが必須になる。ドラマの場合は，文字だけのシナリオで台本が作られることが多いようである（図 10-3)。

Theme2 実験　一眼レフカメラの撮影方法

No.	visual	content	script/narration	memo	time
1	一眼レフカメラの レンズ交換・撮影技法 ～初級編～	【タイトル】		タイトル	7" / 7"
2		【講義】 講師 WS	これからデジタル一眼レフカメラの使い方についてお話をします。 (S: 講師　松藤将弘) オートでも十分綺麗な写真を撮れるのですが、今回はこのオート機能から一歩進んで	講師の名前をスーパー表示	
	①レンズ交換で気をつけること ②ちょっと進んだ使い方		レンズ交換で気をつけること ちょっと進んだ使い方 この 2 つについてお話しします。 (S: 1 レンズ交換で気をつけること 2 ちょっと進んだ使い方)	説明スーパー	22" / 29"
3		講師（BS)	まず、レンズの交換を行います。 一眼レフカメラの最大の特徴はレンズを交換できるところです。 レンズの交換をする際は、なるべく、ホコリの少ない所で行いましょう。		15" / 44"
4		レンズを取り付ける手元アップ	それでは、レンズを外します。 まず、カメラをしっかり持って、レンズの根元にある取り外しボタンを押したままレンズを回します。	ボタン部分を強調	9" / 53"
5		講師（WS)	すると、このように簡単にレンズを外すことができます。		5" / 58"
6		レンズを取り付ける手元アップ	新しく交換するレンズは内側の印とカメラボディの印をあわせてはめ込んでください。		

- 1 -

図 10-2　絵コンテの例

1　りえの家・玄関

玄関で叫ぶりえ
その声にあきれながら、
玄関に小走りで向かうけいこ

りえ　「おかーさーん開けてー　はやくー」
けいこ　「全く騒々しい子ねぇ」

ドアが半開きになる
男物のジャンパー姿で両手にレジ袋を持つりえ
けいこ驚いて

けいこ　「どうしたの、そんなに！」
りえ　「ちょっと料理の練習」
と足でドアを開いて中に入るりえ

けいこ　「あっ、それお父さんのジャンパー！
探してたわよ。」
りえ　「あっそ。同じとこにあったからさ」
けいこ　「お父さん、急いでるからって
りえのダウン着てったわよ」
りえ　「いいよぉ、どっちでも。はい。どいてどいてー」

けいこを押しのけて中に入っていくりえ
りえの行動に呆れるけいこ

2　キッチン

食卓に広がる食材。
やる気に満ちているりえ
腕組みして食材を眺める。

りえ　「さて、どれからやるかなー」

携帯端末でレシピを確認するりえ

図 10-3　台本の例

5. 撮影計画

(1) ロケハン

ロケハンとは，シナリオをもとに実際にカメラを配置する場所などを決めていくことで，ロケーションハンティングの略である。例えば，シナリオにマンションと書かれていても，どんな壁の色で，何階建てで，築何年くらいの建物とまでは書かれていない。現地に足を運んで，イメージにあった場所を探して決めていく必要がある。また，画面に入れたくない看板などを隠したり，架空の会社に見えるように看板を配置したりする計画も立てる。ロケハンに出かけるときは，できるだけ同じ条件(曜日や時間帯）にすることが大切である。

(2) キャスト

シナリオに合わせて出演者を決めていく。放送大学の講義でも，出演する講師，聞き手，ゲストを決め，インサート映像としてインタビューする人を決めていく。語学のスキットのような短い劇の場合は，タレント紹介のプロダクションに依頼したり，オーディションを行ったりして，シナリオに書かれたキャラクターイメージに合う人を探している。また，発声練習の経験がある演劇部出身の友人などに頼むなどして，予算内に収まるようにキャスティングしていく。

(3) スタッフ

スタッフの種類としては，プロデューサー，監督・助監督（ディレクター・フロアディレクターやサブディレクター），カメラ，音声，照明，美術，メイクなどがある。また，同時に複数の出演者が登場するシーンで，カメラの台数を増やす必要がある場合は，カメラマンの人数も増え，さらに，VE（ビデオエンジニア）という映像機器を調整する技術者が加わり，各カメラの色や明るさを調整し，カメラをカットで切り替えても違和感がないようにしている。このようなスタッフの手配もプリプロの段階で行っていく。

(4)　スケジュール

スケジュールには2種類ある。番組の撮影開始から撮影終了までの長い期間の総合的なスケジュールと撮影する当日のスケジュールである。撮影の準備を踏まえて余裕のある計画をたてなければならない。綿密な準備をしていても，当日になると，さまざまな事象が突発的に起きるのが常である。また，天候は計画時には予測できないため，当日が晴天の場合はどうするか，雨天の場合はどうするかをあらかじめ決めておくことも必要である。

出演者がどのシーンに出るかを当日の撮影順に記した表が香盤表である。これを見れば，各出演者が自分の出るシーンを確認でき，間違いを防ぎ，心の準備も可能になる。技術スタッフは，シナリオと香盤表を見れば，撮影前にシーンごとの機器構成やスタッフの配置を考えることができ，円滑な撮影に入ることができる。

(5)　ロイヤリティフリーのストック

予算内では撮影が難しかったり，撮影に時間がかかってしまったりする特殊な映像は，ロイヤリティフリーのストックから購入することも一方法である。最近は多くのサービスが提供されており，商用利用が可能な画像や映像も多い。利用にあたっては，必ず注意事項を熟読し，放送に利用できるか，インターネット配信に利用できるか，そのアクセス数の上限はどのくらいかなどを確認しておく必要がある。

学習課題

1．プリプロの主な作業について説明してください。
2．好きな映画のログラインを書いてください。
3．ポスプロの主な作業について説明してください。

11 シナリオ

《目標 & ポイント》 ストーリー展開の一方法として，起承転結がある。具体的にシナリオの中ではどのように展開すればよいのだろうか。そのほかの方法はあるのだろうか。また，シナリオはどのように書くのだろうか。本章では，シナリオの意義，書き方，ナレーション原稿について考えてみる。
《キーワード》 プリプロダクション，シナリオ，三幕構成，起承転結

1. 本章の概要

これまで見てきた撮影や編集の技法は，どのジャンルの作品を作るためにも必要な共通する技術である。本章では，プリプロで行う作業の中でも，ドラマなどで使われるシナリオについて考えてみる。具体的には，何のためにシナリオを書くのか，シナリオの書き方，シナリオの構成法などである。シナリオ構成法では，起承転結と三幕構成を取り上げる。また，ドキュメンタリーなどで使われるナレーション原稿の書き方についても触れる。ログラインについては，第 10 章で説明したが，重要なので，もう一度確認してから本章に進んでほしい。

2. 何のためにシナリオを書くのか

(1) 映像制作の指示書として

シナリオと小説は，両方とも文章でストーリーが書かれているが，役割は全く異なる。小説は読者の記憶をうまく使って頭の中に映像を想像させる文章で，シナリオは映像をどのように作るかが書かれた指示書といえる。例えば，「無限に広がる大宇宙」と書かれている場合，小説なら過去に見た映像などから何となく想像できる。しかし，シナリオに書かれている場合は，撮影方法を考えなければいけない。セットなのか，CGなのか，NASAの映像なのか，どうすれば無限に広がっているように見えるのか等々である。実際には，シナリオにこういった抽象的な表現は書かないのが普通である。「暗闇の中の無数の恒星が放射状に流れ…」のように具体的な映像を説明する表現にしなければならない。

また，シナリオには映像にしたときのイメージが具体的に文章で表現されていなければならない。例えば，第10章のシナリオの例では，最後に「入っていく」と書かれているため，カメラ位置が門の外で中に入っていく後ろ姿ということになる(図11-1左)。もし,「…入ってくる」と書かれていれば，カメラ位置は門の内で人物を正面から撮影することになる（図11-1右)。このようにシナリオは，映像制作の指示書となっているのである。

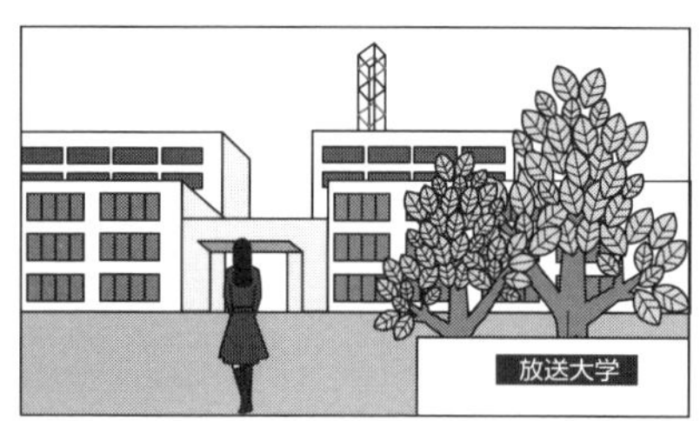

図11-1　シナリオの映像表現

(2)　スタッフの共通理解として

映像制作は多くのスタッフと共同作業するのが普通である。制作スタッフの全員が同じ完成イメージをもっていないと，ディレクターが悲しいシーンにしたいと思っているのに，カメラマンはコメディと捉え，照明はサスペンスと思っていたなんてことになってしまう。こういった誤解をなくし，同じ完成イメージをもつためにも，シナリオは重要な役割を果たしている。

図 11-2 は，本科目の放送番組の撮影風景で，出演者，プロデューサー，ディレクター，カメラマン，音声，VE（ビデオエンジニア）などが撮影現場に入っている。撮影前には台本（シナリオ）をもとに打ち合わせが行われ，どのシーンの何の撮影で何を伝えようとしているかという共通理解をスタッフ全員がもった上で撮影に入っている。

図 11-2　撮影風景

3. シナリオの書き方

(1) シナリオの書式

シナリオは，ディレクターや監督が書くこともあるが，多くの場合は専門のシナリオライター（脚本家）が書く。シナリオには，決まった書き方があるので，読み方が分かれば，映像をイメージしながら読めるようになる。シナリオは，すべて文字か記号で書き，柱，台詞，ト書きの3つの要素で構成される。

柱とは，図11-3の例では「○小学校・職員室（夕)」で，シーンの場所と時間帯を表す。台詞は，話している人の名前（ツノ書き）と会話が入る。ト書きは,「数名の教員が仕事をしている」などの動作やカメラで撮影される情景を描写する。ト書きは，常にその時点の映像になるので，現在形か現在進行形で，過去形のものはない。台詞のツノ書きは，男性は姓，女性は名にして分かりやすくすることが多い。また，名前の下の数字は年齢で，初出のときに付ける。SE（サウンドエフェクト）は効果音のことである。

シナリオは映像にするための指示書と書いたが，ト書きには，ある程度の映像のイメージも表現する。「数名の教員が仕事をしている」は部屋全体が撮影されたロングショット,「…をのぞき込む，遠藤」のように名詞で終わっていればアップ,「…入ってくる」のように動詞で終わっていれば動作が分かるようなロングショットということになる。完成したシナリオがスタッフに配られると，カット割りなど担当ごとのメモ書きが書き込まれていき，撮影の準備に入ることになる。

図11-3のシナリオは，最後の台詞とト書きが空欄になっている。この空欄を埋めるのを本章の学習課題にしているので，是非挑戦してみてほしい。

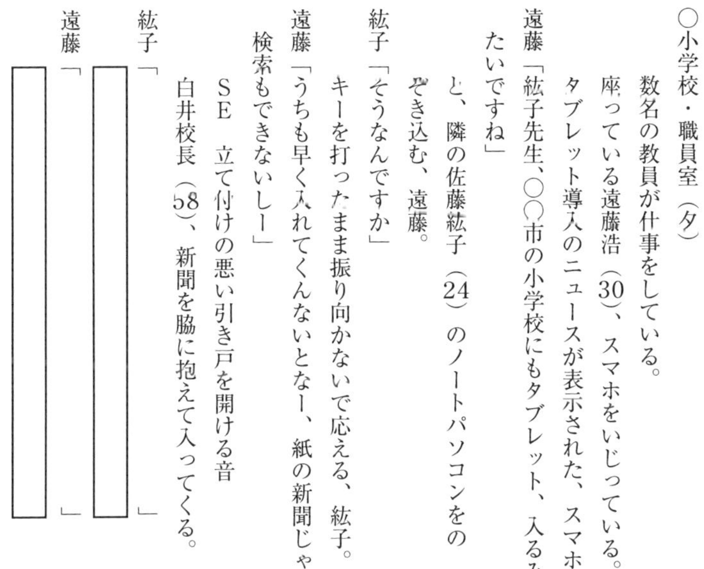
○小学校・職員室（夕）
　数名の教員が仕事をしている。
　座っている遠藤浩（30）、スマホをいじっている。
　タブレット導入のニュースが表示された、スマホ。
遠藤「紘子先生、○○市の小学校にもタブレット、入るみ
　たいですね」
　と、隣の佐藤紘子（24）のノートパソコンをの
　ぞき込む、遠藤。
紘子「そうなんですか」
　キーを打ったまま振り向かないで応える、紘子。
遠藤「うちも早く入れてくんないとなー、紙の新聞じゃ
　検索もできないしー」
　SE　立て付けの悪い引き戸を開ける音
　白井校長（58）、新聞を脇に抱えて入ってくる。
紘子「　　　　　　　　」
遠藤「　　　　　　　　」

図 11-3　シナリオの書き方の例

(2) 履歴書

シナリオとは別に，登場人物の現状や経歴，過去のエピソードが記された人物設定が作られる。これは「履歴書」と呼ばれている。これによりキャラクターが立ち，この人物なら，この場面でこういうだろうというリアリティが出てくるのである。

4. シナリオの構成法

(1) 起承転結

起承転結は，もともと漢詩の構成法だが，シナリオを構成する代表的な方法の1つにもなっている。

最初の「起」は，シナリオの導入部分に当たり，情勢や時代，場所，主人公やその他の登場人物を紹介するところである。ドラマのテーマは「転」で展開することになるが,「起」ではそのテーマのアンチテーゼ（反対の命題）を表現する場合が多い。

次の「承」は，ドラマの展開部分である。「起」で提示した人物に，さまざまな事件などを積み重ねさせ，気持ちの変化や葛藤を起こさせる場面である。そして，「転」に向かってドラマを展開させていくことになる。分量としては，いちばん多くなる部分である。

そして「転」は，ドラマのテーマを訴える部分である。「承」における葛藤などにより，「起」でのアンチテーゼが一転して，ドラマのテーマへと導かれるのである。

最後の「結」は，ドラマの結末部分である。「転」で訴えたテーマを定着させたり，余韻をもたせたりする役割である。

(2) 三幕構成

シナリオの構成は，日本では起承転結を用いることが多いが，ハリウッドでは三幕構成が主流である。三幕構成については,脚本家のシド・フィールドが図11-4のようにまとめている。三幕構成は，第一幕からはじまり，プロットポイント1を経て第二幕へ，第二幕からプロットポイント2を経て第三幕へという流れである。

第一幕は「状況設定」の部分で，ドラマの前提や主人公の目的が示される。そして，第一幕から第二幕へと移行するきっかけになるのが，プロットポイント1である。シド・フィールドは，プロットポイントを「ストーリーを展開し，新たな方向へ向けるきっかけとなる事件やエピソード」であるとしている。

第二幕は「葛藤」を提示する部分である。主人公が目的達成のために克服しなければならない問題に次々と直面することで葛藤が表現されるのが一般的である。この葛藤を乗り越え，第三幕へと移行するきっかけがプロットポイント2である。

第三幕は，「解決」の提示部分である。葛藤からプロットポイント2を経て，どのような結末に至るのかが示されることになる。

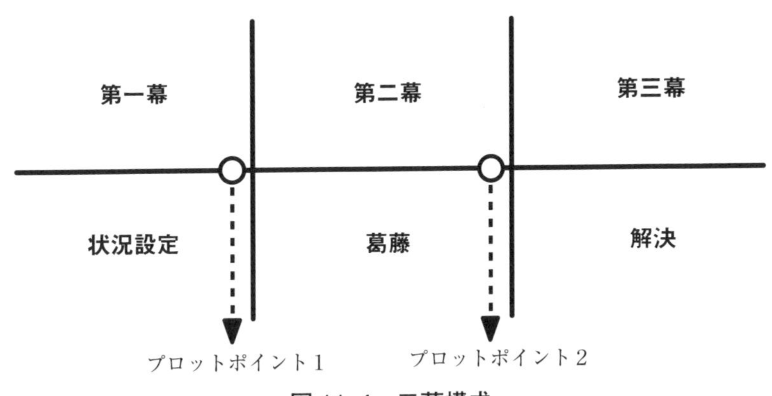

図11-4　三幕構成

(3)　箱書き

いきなりシナリオを書こうとしても，なかなか書けないものである。また，書き始められたとしても，全体の構成がうまくいかず，テーマからそれたり，話の整合性がとれなくなったりすることがある。そのため，詳細なシナリオを書く前の準備として「箱書き」という作業がある。箱書きは，シナリオの筋の流れを見やすくするために，1つのシーンのあらましを箇条書きにして，箱の中に書き込むものである。新井一(1985)は，箱書きの効用として，

1) 話の並べ方(構成)を明確にできる

2) 各シーンの間における時間経過を確認できる

という2点を挙げている。

箱書きには，大箱・中箱・小箱という3つの段階がある。大箱には大まかなシーケンス，中箱にはシーケンスを細分化したもの,小箱にはその中のシーンを書き出したものを書く。

箱書きといっても必ずしも箱の中に書く必要はないが，ストーリー展開の全体像を把握しながら，各シーンの詳細を書いていくには必要な方法である。

5. ナレーション原稿

教育映画やドキュメンタリーなどのドラマでない映像では，台詞ではなくナレーションで展開する場合が多い。筆者が制作する映像やバーチャルリアリティのコンテンツの多くも，ナレーションで展開している。これらの場合もシナリオや絵コンテを作成し，そのときは，起承転結を考え，箱書きを用意するというように工程は同じである。ナレーション原稿は，普通の文章のように書くと分かりにくくなるので，ここでは，ナレーション原稿を書くときに注意していることを紹介しておく。

○同音異義語はできるだけ避ける

日本語には，きかん，こうせい，さんかなど，たくさんの同音異義語がある。音声だけでは区別がつきにくく，また，専門用語でないものに毎回テロップを入れるのも画面の情報が多すぎるので，できるだけ言い換えるようにする。

○聞き間違えやすい言葉を避ける

「約 20 分で到着」というときの約は 100 と聞き間違えやすく，「120 分で到着」とも聞こえてしまう。「およそ 20 分で到着」のように言い換える。

○1文を短くする

原稿は，より正確に伝えようとするため，1文が長くなりがちである。1文が 30 文字程度を超えたら 2 文に分けることを考えてみる。

○読む速さ

筆者の場合は，1分間に 250 から 300 文字くらいで読む速度がナレーションとしていいように思う。例えば，原稿の総文字数を 250 で割れば，原稿を読むのに何分かかるかを予測できるので参考にしていただきたい。

学習課題

1．図 11-3 のシナリオの例で，2 人の人物設定をしてから、それぞれの考えや事情を台詞で表現してください。
2．そのときの 2 人は、どんな動作をするか？　小道具を使うなどして、2 人の関係も表現してください。
3．起承転結，三幕構成について説明してください。

参考文献

シナリオについては、以下の書籍等を参考にして、さらに学習を深めてください。

［1］新井 一『シナリオの基礎技術』（ダヴィッド社，1985 年）

［2］ブレイク・スナイダー『SAVE THE CAT の法則 本当に売れる脚本術』（フィルムアート社，2010 年）

［3］森 治美『ドラマ脚本の書き方―映像ドラマとオーディオドラマ』（新水社，2008 年）

［4］シド・フィールド『映画を書くためにあなたがしなくてはならないこと シド・フィールドの脚本術』（フィルムアート社，2009 年）

［5］シド・フィールド『素晴らしい映画を書くためにあなたに必要なワークブック』（フィルムアート社，2012 年）

［6］永田豊志・CGWORLD『CG& 映像しくみ事典―完全カラー図解 映像クリエイターのためのグラフィックバイブル』（ワークスコーポレーション，2009 年）

12 撮影実践

《目標＆ポイント》 台本には細かいカット割りなどは記されていない。どのようにカット割りを決めるのか。後で編集するためには，何を撮影しておけばよいのか。本章では，このような実際の撮影に関する疑問について考えてみる。
《キーワード》 マッチカット，カットアウェイ，インサートカット，クローズアップ，見た目ショット，なめ

1. 本章の概要

シナリオが完成した後，ロケハンに行き，撮影場所を決定する。次は，どんなカットを撮影していくかを決めていくことになる。基本的にはシナリオからカット割りしたとおりに撮影していくが，実際に人間が出演し，自然や周囲の環境はどんどん変わるのは当然である。そのため，あらかじめ予定したとおりには対処できず，現場で決めていくことも多い。また，編集時にうまくつなげられないことも起きる。そんなときに違和感のないようにつなぐためのショットも必要になる。

本章では，後で編集することを考慮して，何を撮影しておけばよいかを状況を設定して解説する。

2. 何を撮っておくべきか

(1) 状況説明のショット

視聴者に分かりやすい映像にするには，5W1H（いつ When，どこで Where，誰が Who，何を What，なぜ Why，どのように How）を映像にするのが基本である。このうち状況説明の「いつ」「どこで」は，景色を撮って場所と季節などを表現することが多い。まずは，その土地の観光地など，有名な場所を撮影しておくのも手である。知らない場所に来たときは，お土産用の絵ハガキを駅の売店などで買うと，その地域の観光スポットが写っていると思うので，その場所に行って撮影しておく。また，標識や看板なども一目瞭然なので，撮っておくとよい。

(2) 画面に変化をもたせる

各シーンに入ったら，エスタブリッシングショット，ロングショット（全体像），ミドルショット（人物の場合はバストショットなど），クローズアップ，ディテール（細かい所まで見えるアップ）とサイズの違うショットを撮っていく。画面サイズについては，第6章で紹介している。また，カメラポジションも被写体に対する角度を変えながら撮る。この角度を変えるときは，30度以上の変化をもたせるという「30度ルール」というのがある。要するに，あまり変化のない映像をつなぐと，無意味な画面変化になってしまうということである。

(3) 文字を入れるための空きを作る

撮影時は，編集時に必要と思われる映像素材を考えて，撮影対象や撮影方法を決めていく。例えば，図12-1左は，映像教材制作講座というビデオのタイトル画面だと思ってほしい。タイトルの文字は編集段階で入れるため，撮影段階では，タイトルの文字を入れることを想定して，空きのある画を撮っておかなければならない。図 12-1 右のようにヨットが中央にある構図で撮ってしまっていたら，タイトルの背景としては使いにくくなってしまうからである。

図 12-1　タイトル画面

(4)　クローズアップを活用する

視聴者に見てもらいたい部分を強調するだけでも，映像の意図が分かりやすくなり，単調でなくなる。その強調方法の 1 つがクローズアップである。図 12-2 は実験シーンの例で，図 12-2 左の水が図 12-2 右のように沸騰する過程の映像だと思ってほしい。このとき，ビーカーなどの器具全体が入るようにカメラを固定して撮影することが基本になる。実験の記録としてはこれでいいのだが，単調な映像になってしまう。沸騰するまでの変化の様子を強調したいのであれば，例えば，図 12-3 左のような沸騰しはじめの泡が出てきた状態や，図 12-3 右のように温度計の 100℃あたりの目盛りをクローズアップで撮影しておく。これらを図 12-2 の映像の流れの途中に挿入することで，この部分が強調され，映像の意図が伝わりやすくなる。

また，このように編集することで，違和感なく時間を省略することも可能になる。沸騰するまでの実時間の尺の映像は必要なく，短い時間でも水から沸騰した状態になったということを表現できる。

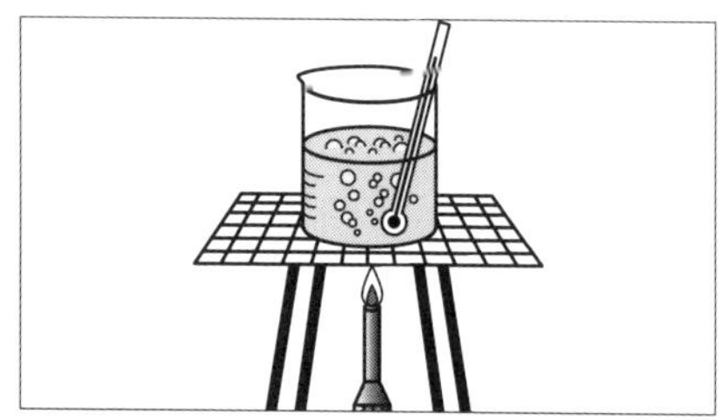

図 12-2　実験シーン

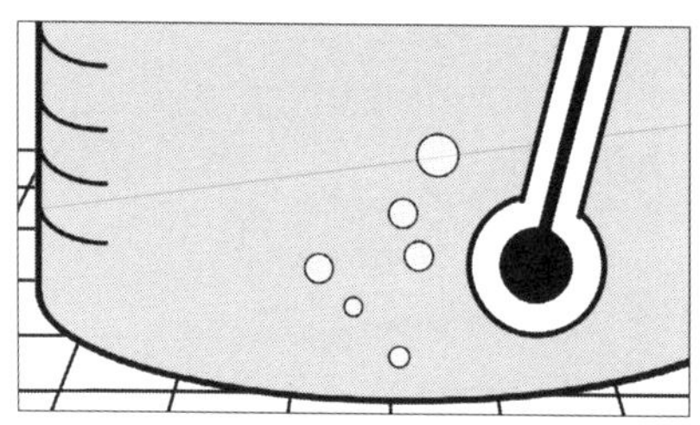
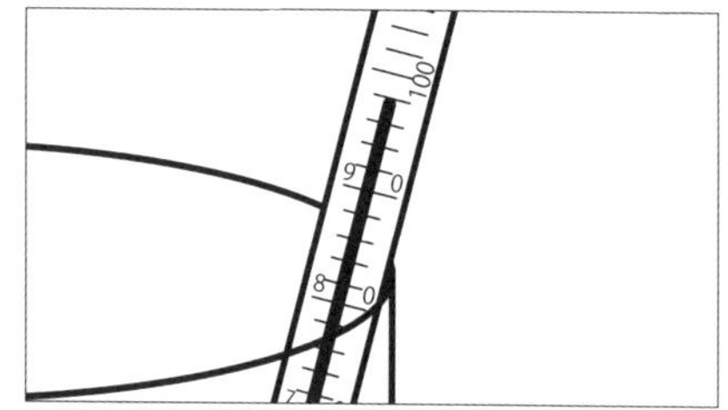

図 12-3　クローズアップ

(5)　インサートカットとカットアウェイを撮影する

カットつなぎは，必ずマッチカットかカットアウェイのいずれかになる。マッチカットは，図 12-2 と図 12-3 のように画面の要素を含んでいるカットつなぎである。カットアウェイは，画面の要素を含まないカットつなぎである。

図 12-4 は，2 人が対談しているシーンである。この場合，2 人が並んだツーショット（図 12-4 上），それぞれのバストショットやクローズアップでつないでいく（図 12-4 左下と右下）。この場合も編集のことを考え，その場所にある小道具や出演者の手元のアップ（図 12-5 左）などを撮っておく。これをインサートカットという。連続性が破綻したカッ

トつなぎを隠す場合などにも使用できる。また，カットアウェイとして，窓からの風景（図 12-5 右）などを撮影しておくとよい。カットアウェイでは，視聴者の意識が一瞬それるため，連続性が絶たれ，休憩などの時間経過を違和感なくつなぐことができるようになる。

このように後で編集することを考えながら撮影することが，映像制作が上手くなる第一歩である。さらに，お薦めするのは，撮影方法を変えて候補となる素材を何パターンか用意しておくことである。編集時にどれを採用するかをじっくり検討できる。

図 12-4　対談シーン

図 12-5　インサートカットとカットアウェイ

3. 主観映像

(1) 見た目ショット

出演者が見た目線方向に何があるか，これを示す撮影方法を「見た目ショット」という（図 12-6）。例えば，「ある人が振り返る。すると，そこに小鳥がいる。」という場合，まず，振り返る人のショットがあり，次に小鳥のショットになるのが普通だが，カメラの位置は，最初に出演者が立っていた場所で，カメラがその人の目の代わりになる主観的な目線の撮り方である。演出性の高い撮り方なので，教育用映像やドキュメンタリー映像で使おうとする場合は，慎重に検討すべきである。

図 12-6　見た目ショット

(2) なめ

見た目ショットに近いが，見た目にはならずに，肩などをすこし画面に入れて撮影する手法を「なめ」「肩なめ」「ごし」などという（図 12-7)。こうすることで，位置関係を把握しやすくなる。

また，実験映像での手順の説明や料理番組など手元を撮るときは，ななめなくてもいいが，講師の背後の位置に立って撮影すると，分かりやすい映像になる。生徒側からの撮影だと，説明が画面では反対になってしまうからである。

図 12-7　なめ

4. 注意すること

(1) 動きを一致させる

画面の中の対象（人物など）に動きがある場合，その動きが一致するように撮影・編集するのが原則である。図 12-8 はマラソンの映像だが，図 12-8 左からしばらく走って，やや疲れた表情が図 12-8 右である。画面サイズが変わっていることはいいが，このカットつなぎだと，急いで引き返しているように見えてしまう。画面内では動きの方向が統一されるように撮影しなければならない。どうしても反対方向の動きしか撮れない場合は，前方からのカットも撮影して，編集段階で途中に挟むなどの方法がとられる。こうすることで，カメラ位置が移動しただけということが分かるようになり，視聴者の混乱を防ぐことができる。

図 12-8　画面の中の人物の動き

(2) 環境音

屋外でロケ収録のときは，環境音のみを長めにとっておくと便利である。環境音とは雑踏のなんとなくざわざわした感じや公園などで子どもたちが遊んでいるような声などである。ロケ収録の映像を編集でカットつなぎすると環境の音が途切れて違和感のある音になるので，別途収録した環境音を編集後の映像に使うのである。こうすることで，環境音の途切れがなくスムーズにつながった映像になるのである。

5. べからず集

あまり使用してはいけないといわれているルールも知っておこう。

○ズームは多用しない
ズームはどうしても使わなければいけないときだけにする。

○行ったり来たりしない
パンやティルトは，片方向だけで折り返すと違和感が生じる。

○セイムサイズはつながない
画面サイズは似たサイズをつながず，カメラポジションの角度は，30度以上変化させるようする。

○人通りやBGMなどを背景にしない
屋外でインタビューなどを撮る場合は，背景の変化がない場所を選ぶ。背景に人通りがあったり，商店街のBGMがあったりすると，編集後，人が消えたりBGMがぶつ切れになったりしてしまう。

○イマジナリーラインを越えない
カメラを配置する場合，原則的に「イマジナリーラインを越えない」ことに注意しなければならない。

学習課題

1．編集のことを考慮して撮影時に気をつけなければならないことを挙げてください。
2．主観映像について説明してください。

13 編集実践

《目標＆ポイント》 撮影した映像素材は編集して作品になっていく。編集では何を基準にして，ショットの長さ，切り替えのタイミングなどを決めていけばよいのか。状況説明，場面転換，時間経過を表現するにはどのような編集技法があるのか。本章では，これらの編集技法について考えてみる。
《キーワード》 ジャンプカット，同ポジ，オーバーラップ，ワイプ，ずり上げ，ずり下げ

1. 本章の概要

編集の技法については，すでに本科目では，見た目ショット，モンタージュ，クレショフ効果，エスタブリッシングショット，クローズアップ，似た画面サイズはつながない，動きの一致，インサートカット，マッチカット，カットアウェイ，イマジナリーラインなどを紹介してきた。本章では，ショットとショットをつなぐ技法，場面転換の技法，音の処理などについて考えてみる。具体的には，ジャンプカット，同ポジ，オーバーラップ，ワイプ，カットの重みづけ，ずり上げなどの技法について説明する。

2. 編集の技法

(1) 編集を意識する

私たちは映画などの映像が，撮影後の編集によって効果的に構成されていることは知っている。しかし，視聴後，どんなシーンがあったかは答えられたとしても，どんな編集がされていたかを答えることは難しい。被写体のサイズがどのように変化して，カメラ位置はどこからで，アングルはどうだったというようなことは，普段はあまり意識していないからである。答えられる人は，よほど映像に詳しい人だろう。

本章では，こうした映像のつなぎ方である編集に意識を集中し，どのような編集技法があり，編集するときはどのような点に注意すればよいかを学ぶ。映像の編集には正解は存在せず，作者の意図によって，さまざまな編集方法がある。ただし，視聴して違和感の無い編集を基礎段階では心がけるべきだろう。

(2) なぜ編集が必要なのか

そもそも編集する目的は何なのだろうか？　編集の第一の目的は，当然のことだが，決められた時間内に映像の長さ（尺）を収めるということである。つまり，１日の出来事を５分の番組に収めるような時間の省略を行うということである。第二の目的は，視聴者の興味を持続できるようにすることである。いくら興味深い内容でも，映像が単調すぎて眠くなってしまう映像では，もったいないからである。第三の目的は，分かりやすく伝えることである。例えば，条件が異なる２つの実験を，画面分割して比較できるようにすることは，映像の特性を活かした表現といえるだろう。

3. ジャンプカットと同ポジ

(1) ジャンプカットでつながない

一般的に「ジャンプカットでつながない」という原則がある。このジャンプカットについて，スパゲッティの作り方ビデオで考えてみよう。

図13-1左上は，袋を開けてスパゲッティを取り出すショットである。この後に，図13-1右上の鍋に入れるショットをつなげてみる。まだ固い真っ直ぐなスパゲッティは両方のカットに撮影されているし，手順も飛んでないので，違和感なくつながると思う。これが普通のカットつなぎである。しかし，図13-1左上に続けて，図13-1左下の皿に盛りつけたショットをつなげたらどうだろう？　まだ固かったはずのスパゲッティが突然できてしまったように感じると思う。このように動作や手順の途中で別のショットに切り替えるつなぎ方をジャンプカットといって，通常は避ける。通常の編集では，図13-1右下のように茹で上がったスパゲッティを取り出すショットを挟んでから盛りつけた皿のショットにつなげることになる。

ジャン＝リュック・ゴダール監督の「勝手にしやがれ」(1959) というフランス映画やNHKのテレビドラマ「ハゲタカ」(2007) では，あえてジャンプカットが多用されている。「勝手にしやがれ」は尺を縮めるためという説もあるが，「ハゲタカ」などはリズムを崩すための演出といえるだろう。

図 13-1　ジャンプカットとカットつなぎ

(2)　同ポジでつながない

同ポジとは，同じ撮影位置の同じ画面サイズのことである。スパゲッティの例では，鍋に入れてから茹で上がって取り出すまでの実際の時間は数分である。茹で上がるまでの数分間を映像で見せるわけにはいかないので，編集で時間を短縮することになる。途中を省略して，図 13-1 右上から図 13-1 右下にいきなりカットつなぎすると，一瞬で茹で上がった魔法のような映像になり，違和感が生じてしまう。これが同ポジである。これもジャンプカットと呼ぶことがあるが，(1) の例は同ポジではないので，ジャンプカットと同ポジは分けて考えた方が分かりやすい。

では，スパゲッティの茹ではじめと茹で上がりをつなぐにはどうすればよいのだろう。この場合は，時間経過を表現する技法を使うことになる。例えば，キッチンタイマーの画を途中に挟んだり，次に説明するオーバーラップやワイプという場面転換を使ったりするのが一般的である。

4. オーバーラップとワイプ

(1) カットつなぎかトランジションか

ショットとショットのつなぎ目は，そのままカットでつなぐか，場面転換の効果（トランジション）を入れるかのどちらかになる。トランジションには，オーバーラップやワイプなどがある。

オーバーラップはディゾルブともいい，前のショットが徐々に消えつつ，次のショットが徐々に現れる効果である。

ワイプは，ページをめくるような感じで切り替わる効果である。車のワイパーのワイプである。

オーバーラップやワイプは，時間や場所が変化したことを強調するときなどに使う。ただのカットつなぎでは視聴者が混乱しそうなときや大きなシーンの変わり目にのみ使い，多用するのは避ける。

ジェームズ・キャメロン監督の「タイタニック」(1997) では，沈んだ船の映像から沈む前のシーンに変わるときなどにオーバーラップが効果的に使われている。また，ジョージ・ルーカス監督の「スター・ウォーズ」シリーズ (1977 〜) は，場面転換にワイプが一貫して使われている。場面転換では，どのトランジションを使わないといけないということはなく，スパゲッティが茹で上がるまでの時間経過も，どちらでもかまわない。

第 14 章で説明するピクチャ・イン・ピクチャのことをワイプと呼ぶことも多いが，本科目では両者を区別しておく。

(2) オーバーラップかワイプか

次の場合はどうだろうか？　図13-2は，おじいさんがその少年時代の回想シーンに入るところだとする。この場合，カットつなぎだと，おじいさんと少年の2人がいると思われそうである。また，インサートカットで時間を表現するのも難しいので，オーバーラップかワイプを使うことになりそうである。どちらのトランジションを使うのが自然だろうか？

図13-2　おじいさんと少年時代

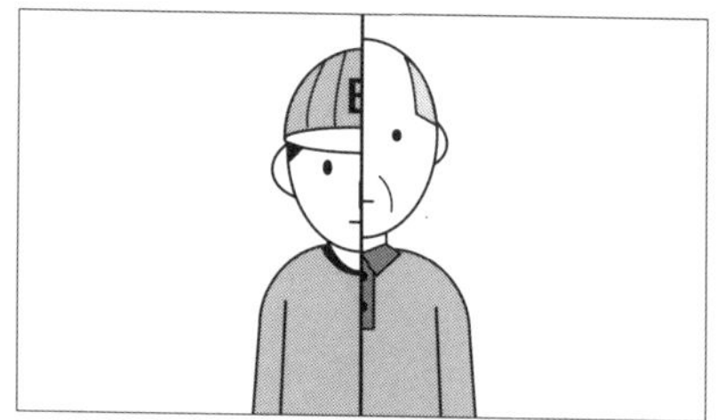

図13-3　オーバーラップ（左）とワイプ（右）

図13-3左は，オーバーラップでおじいさんから徐々に少年に切り替わるところである。図13-3右は，ワイプが左から右に移動し，少年が現れてくるところである。

多くの方は，オーバーラップを選んだのではないだろうか。この場合のトランジションは，おじいさんと少年が同一人物であることを強調するためのものなので，一見，違って見えるけれど同じ人ということを表現するために，映像が融合しているオーバーラップの方が適していると思われる。また，回想シーンなので，ぼんやりした感じも表現できるかもしれない。

では，図 13-4 の場合は，オーバーラップかワイプのどちらを使うのが自然だろうか？　同じ人で，背景のみが異なっている映像である。

この場合は，一見，同じように見えるけれど，実は場所が違うという，違いを強調したいことになる。そのため，オーバーラップより，ワイプの方が変化に気づきやすく，視聴者の混乱を防げると思われる。

図 13-4　場面の転換

(3) 練習課題

練習課題として，図 13-5 から図 13-9 の 5 つの例を用意した。画像の間の「？」の位置にトランジションとしてオーバーラップかワイプかカットつなぎかを選んでほしい。どれが正解ということはなく，どちらでもよいという場合もあると思う。自分なら何を選ぶかを練習として考えてほしい。

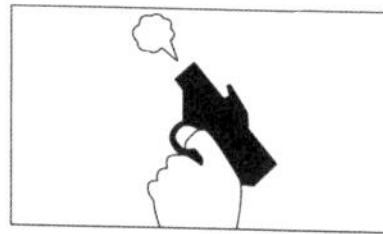

?

図 13-5　マラソンをしている人の全身から顔のアップへの切り替え

?

図 13-6　傘を持って迎えに行くところと，一緒に帰るところの時間経過

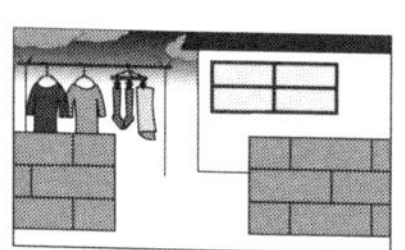
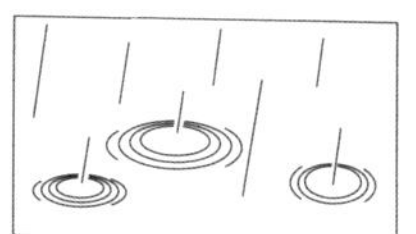
?

図 13-7　雨のアップから洗濯物を取り込んでいる場面への転換

?

図 13-8　マラソンの走りはじめから，
しばらくして汗をかいてきた顔に切り替わるとき

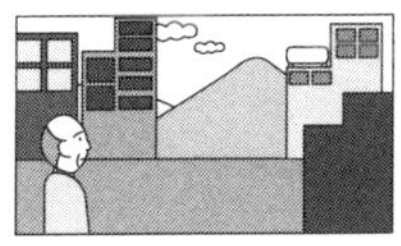

?

図 13-9　少年時代の回想シーンに入るとき

5. カットつなぎにおける演出

カットつなぎでも感情を表現する演出ができるという例も紹介しよう。図 13-10 は，男性が女性にプレゼントを手渡すシーンである。ツーショットの引きの画（左上），女性の肩をなめた男性の顔（右上），男性の肩をなめた女性の顔（左下），プレゼント（右下）の 4 つのショットがあるとする。どの順につなぐかということもあるし，ショットの長さを変えて，どちらかの感情に重点を置くこともできる。また，画は女性の顔にして，音声は男性のセリフにすることも可能である。

図 13-10　カットつなぎにおける演出

6. 音のずり上げ・ずり下げ

編集時に音声と映像をあえてずらすことによって途切れのない感じにする編集技法もある。例えば図13 11の場合は，建物の外観と建物の中の会話のシーンである。この場合，普通につなぐと建物の外観には多少の環境音，次のカットに切り替わって建物の中の会話となる。しかし，建物の外観が出ている間に次のカットの会話を少しだけ出すのである。音声と映像を分断して，音声のみを前のカットの映像にダブらせるのである。違和感があるようにも思えるが視聴するとスムーズなつながりになっていると感じるものである。この音のずり上げ･ずり下げについて，浦岡敬一は映画サイコを例にセリフの場合で解説している。AとBの両方のショットにセリフがあって，Aのセリフが終わってからBの画をつなごうとするとBのショットを短くしか使えなくなる場合，Aのセリフのみ B のショットにかぶせる手法である。つまり，Aのセリフの終わりは既にBの画になっているということで，セリフがずり下がっている状態である。これが「セリフのずり下げ」で，逆に画よりもセリフが先行することは「セリフのずり上げ」になる[1]。これは、セリフの場合であるが、効果音などでも同様である。

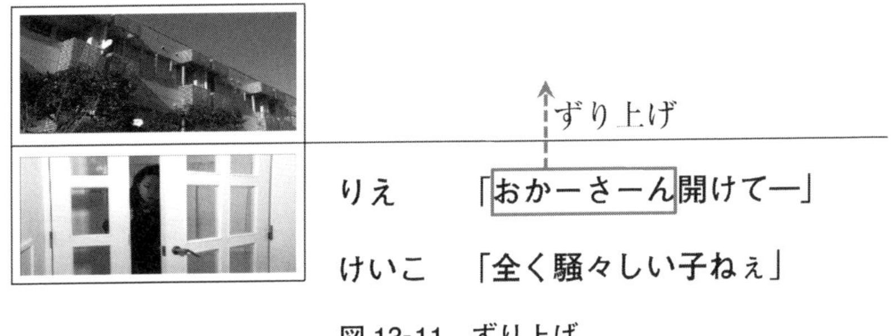

図 13-11　ずり上げ

7. 映像の文法と文体

編集には，まだまだたくさんの技法があるが，最も基本だと考えられることを本章で解説した。また，映像は映像言語や映像文法といわれることもあり，言語と同じようにメッセージを載せる媒体でもある。しかし，文法のように確固としたものではなく，むしろ文体と呼べるような作者の個性が出るものである。そのため，本章で解説したこともそのうちの１つの方法に過ぎないと考えていただきたい。

学習課題

1．ジャンプカットを避けた方がいい理由を説明してください。
2．オーバーラップとワイプの意味的な違いを例を挙げて説明してください。
3．音のずり上げ，ずり下げを説明してください。

参考文献

［1］浦岡敬一『映画編集とは何か　浦岡敬一の技法』（平凡社，1994 年）

14 ポスプロ

《目標＆ポイント》 プリプロ，プロダクションに続く最後の仕上げの工程がポスプロである。収録した映像は，編集して作品にするが，最終的な仕上げとして，映像や音声はどのような調整が必要なのだろうか。また，テロップはどのように入れるのがよいのか。本章では，これらの疑問について考えてみる。

《キーワード》 ポスプロ，カラーコレクション，MA，テロップ

1. 本章の概要

プリプロ，プロダクションに続く最後の工程がポスプロ（ポストプロダクション）である。収録した映像をそのまま使用することはあまりなく，ほとんどの場合は収録した映像を素材として編集し作品にする。また，決められた納品フォーマットにして完成させる。これを完パケ（完全パッケージメディア）や完プロ（完成プログラムパッケージ）と呼ぶ。ポスプロは完パケ（完プロ）に仕上げる作業ということである。ポスプロの中で，編集については第2章の「モンタージュ」と第13章の「編集実践」で詳しく述べたので，本章では，それ以外のポスプロで行う作業について解説する。ポスプロでは，音声についての仕上げも行う。ラウドネスやノイズ除去などについては，第9章「音声」で解説したので参考にしていただきたい。映像の仕上げとしては，カラーコレクションやテロップ入れなどがあり，本章で解説する。

2. ポスプロ

(1) ポスプロ用ソフトと調整

撮影した映像素材は，コンピュータに取り込み，ノンリニア編集ソフトで編集する。余分な映像をカットし，カットを並べ，時間調整して，明るさや色を補正し，テロップを加え，音声を整え，納品フォーマットにしたら，テープやディスクに書き出す。放送大学の場合は，一般的にXDCAMディスクと呼ばれるプロフェッショナルディスクに書き出して完プロになる。この一連の作業は，基本的に編集ソフトで行う（図14-1）。

図 14-1　映像編集ソフトの画面（Adobe Premiere Pro CC）

映像編集ソフトでも音量の調整などはできるが，機能としては映像関連が主なため，音声の細かな調整は，図14-2のようなDAW(Digital Audio Workstation)と呼ばれる音声編集ソフトを使用する場合が多い。DAWは，音声の録音，編集，ミキシング，ノイズ除去など一連の音声関係の機能をもったもので，最近は，カット情報などを含んだデータを映像編集ソフトとやりとり可能である。こうした音声の編集作業をMA（マルチオーディオ）という。MAは，ラウドネス調整やノイズ除去だけでなく，効果音，BGM，ナレーションの追加，各オーディオチャンネルの音量を微妙に調整して，音声による演出を行うことが目的である。

両ソフトとも，タイムラインという時間軸があり，画面の右に行くほど時間が進む。タイムラインには複数のトラックがあり，トラック上に素材を置いていき，出力時はミックスされる。

図14-2　音声編集ソフトDAWの画面（Avid Pro Tools）

(2)　カラーコレクション

撮影した映像素材は，映像編集ソフトで色補正（カラーコレクション）するのが一般的である。例えば，2台のカメラで撮影した映像の色味が合っていないと，カットつなぎをしたときに違和感が出てしまう。そのようなときは色味を合わせなければならない。その他にも出演者の顔の明るさが足りないときに，顔の部分のみを明るくしたり，空の色を鮮やかにしたりするようなことも行う。図 14-3 は，カラーコレクション機能の一般的な画面で，画面右にドーナッツ型の円が 3 つある。これらはカラーホイールといい，左から，暗い部分，中間の部分，明るい部分と，明るさの領域別に 3 つに分けられていて，それぞれの明るさごとに色補正が可能になっている。せっかく色味を補正しても，後でコントラストを変えると，色の補正もまたやり直しになることがあるため，先に明るさの補正をしてコントラストを決め，次に色補正をすることがコツである。

図 14-3　カラーコレクションの機能の画面（Adobe Premiere Pro CC）

さらに丁寧な方法として，図 14-4 のようにマスキングして色補正することも可能である。この例では，講演会で使用したプロジェクターが変色しており，使用したプレゼンテーションスライドとの色の違いが著しかった。そのため，映像内のプロジェクターの領域以外をマスキングし，プロジェクターの投影領域のみの色味をオリジナルのスライドの色味とできるだけ合わせて，違和感がないようにしているところである。

図 14-4　マスキングして色補正

ポスプロでの色補正は，総称してカラーコレクションと呼ばれることもあるが，厳密には，カラーコレクションとカラーグレーディングに分けることができる。カラーコレクションが各カメラや各ショットの色を統一するための色や明るさの補正が主な役割であるのに対して，カラーグレーディングは，カラーコレクションの後に行い，クリエイターの演出的要素を含んだ色補正と言える。カラーグレーディングを行うソフトウェアには，図 14-3 や図 14-5 などがあり，波形モニターやベクトルスコープなども表示しながら作業を行う。

図 14-5　カラーグレーディングの機能の画面
(Blackmagic Design DaVinci Resolve)

3. 映像編集ソフトによる効果の例

(1) エフェクト

映像編集ソフトの機能で，昔のフィルムのようにノイズを入れたり，雨が降っているようにしたりするのが，エフェクトである。また，手ぶれ補正機能がついている編集ソフトもある。もし，撮影してきた映像の手ぶれがひどい場合は使うとよい。解像度は若干落ちるが，手ぶれが軽減され，ずっと見やすくなるはずである。大画面で見るときは，手ぶれの映像で具合の悪くなることもあるので，特に注意すべき点である。

(2) ピクチャ・イン・ピクチャ

ピクチャ・イン・ピクチャという編集機能を使用して画面を分割することができる。ショットとショットの切り替え時にも使用するが，説明を分かりやすくするためにも活用できる。例えば，図 14-6 は，第 4 章でアイリスの説明をしたときに使用した写真だが，画面右上にカメラ内

図 14-6　ピクチャ・イン・ピクチャを使った説明

部のアイリスの状態を小枠で追加したものである。これで，アイリスがどのような状況のときの結果なのかが分かりやすくなったと思う。ピクチャ・イン・ピクチャは，最近ではワイプと呼ぶ場合が多くなってきている。第 13 章にもワイプの説明があるが，用途は異なる。ただし映像機器の技術的には同じ機能を使用している。

(3)　テロップ

ニュース番組などを見ていて，聞き慣れない言葉が出てきたとき，今，何て言ったのだろう？　と思ったことはないだろうか。こうした専門用語は，テロップ（文字情報）を表示しないと伝わらない。本科目でも，いくつかの聞き慣れない言葉が出てきたと思う。例えば，「エスタブリッシングショット」である。図 14-7 は，この文字を映像に合成したときの比較をしたものである。画面のほぼ中央にエスタブリッシングショットとやや小さめの文字が入っている。実際には画面の下に提示するのが一般的だが，比較するために中央に出している。やや小さめといっても

図 14-7　テロップのデザイン例

読めないほどではない。会話をテロップで出すときはこのくらいの文字サイズだと思われる。しかし，背景の建物と混じってしまって途中が判読できなくなってしまっている。テロップを出すときは，その下の例のように大きめの文字サイズにして，文字の縁取りをするのが一般的である。縁取りはぼかして半透明にする場合も多い。また，その下の例は文字の背景を均一な色で塗ったものである。この背景色はザブトンと呼ばれている。このザブトンも半透明になっている。縁取りやザブトンの色は，映像の内容に合わせて，緑やピンクにしてもいいが，映像の全体を通して統一感をもたせることがポイントである。

また，図 14-7 の右上の「デジタル映像教材制作講座　テロップのデザイン」と書かれた文字情報は，番組名やトピックのタイトルが常に分かるように，そのトピックの間は表示され続けるテロップである。OC（オープンキャプション）と呼ぶ場合もある。

それから，画面全体に画面よりやや小さめの白い枠線があるが，これは，セーフティエリアと呼ばれるもので，この枠より外は，モニターによっては表示されないこともあるというものである。実際の映像に枠線は表示されないが，目安として表示できる編集ソフトもある。テロップは，この枠線より内側に配置する。

ここで，もう1つ重要なことを述べておく。ポスプロが終了して，映像を納品したり保管したりする場合は，このテロップの入った映像と，テロップの入っていない映像の２種類を用意する必要がある。テロップの入っていない方を「白」あるいは「クリーン」という。なぜテロップの入っていない映像が必要かというと，テロップに誤りがあった場合や，出演者の肩書きが変わったときに修正しなければならないからである。テロップが入っている映像しかない場合の修正方法は，ザブトンをベタで敷いて，その上に正しい文字を載せることになる。

(4)　その他

その他に CG を映像に合成することも可能であるが，これについては第 15 章で述べる。

このようにカラーコレクション（明るさや色の補正），MA（音量の調整，効果音，BGM，ナレーションの追加とミキシング，ノイズ除去），テロップの追加やその他の効果を施したら，納品フォーマットに合わせてカラーバーや 1kHz の音，題名や録画日のクレジットなどを入れて完パケ（完プロ）のできあがりである。

学習課題

1．映像に関してポスプロで行う作業を挙げてください。

2．MA では何をするのかを確認してください。

15 CGとの合成

《目標＆ポイント》 今や商業用映画やテレビドラマのほとんどに，コンピュータグラフィックス（CG）が使用されているといっても過言でないだろう。実写映像とCGは，どのように合成するのだろうか。映像に動きがあるとき，CGは，ずれてしまわないのだろうか。身近な機材でも可能なのだろうか。本章では，これらの疑問について考えてみる。
《キーワード》 キーイング，クロマキー，バーチャルスタジオ，トラッキング，マッチムーブ，MR/AR

1. 本章の概要

映像は，実写映像だけでなく，画像，アニメーション，CGなどが合成されて，より分かりやすくなったり，人物が別の場所にいるように見せたりすることができる。合成の方法はさまざまだが，本章では，クロマキー，バーチャルスタジオ，マッチムーブ，MR/ARについて解説する。これらは根源的には似た技術を使用しているが，応用分野は異なっている。また，バーチャルスタジオはカメラのレンズ情報などを取得しないといけないため放送局などの特殊な用途であるが，その他の技術は，家庭用のパソコンなどでも実現できる技術である。また，MR/AR（Mixed Reality: 複合現実感 /Augmented Reality：拡張現実感）はスマートフォンの普及のため広告などでもよく使われるようになった。本章ではこれらについて紹介する。

2. キーイング

(1) スタジオセットかキーイング合成か

スタジオ収録では，背景にスタジオのセットが置かれる場合（図15-1）と，背景を照明やカーテンでブルーかグリーンにする場合（図15-2）がある。背景をブルーなどにする理由は，出演者の輪郭のみを切り抜いたマスク（アルファチャンネル）をきれいに作るためである。そして別途収録した映像やCGの背景画像から出演者の輪郭を切り抜き，出演者の実写映像と合成する。合成する方法は総称してキーイングと呼ばれ，クロマキー（色相・彩度），ルミナンスキー（明度），ディファレンスキー（画像の差分）などの方法がある。

図15-1
テレビスタジオの背景セット

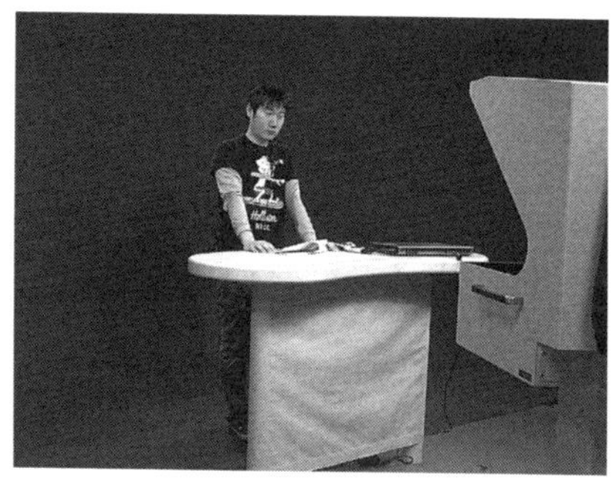

図15-2
背景がブルーのスタジオ

(2)　クロマキー

クロマキーは，色によってキーイング合成する方法である。図 15-3 は，背景が青い壁の前に立って背景に写真を合成したものである。図 15-3 左上が合成前，右上は調整中で人物が透けてしまっている。調整が終われば，背景は自由に変えることが可能になる。

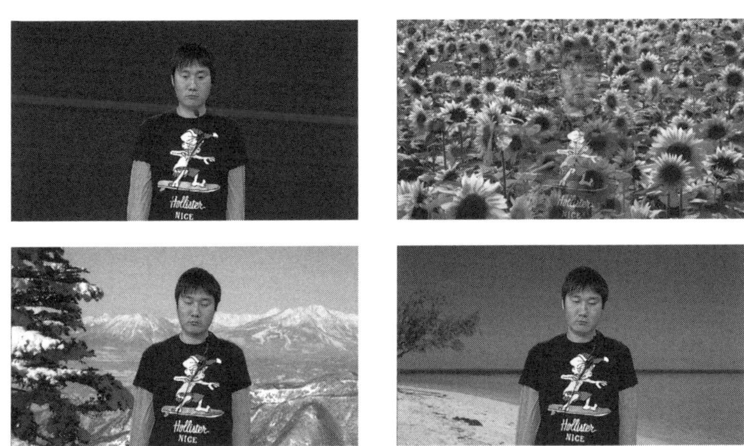

図 15-3　クロマキー

(3)　バーチャルスタジオ

バーチャルスタジオも基本的な仕組みはクロマキーなどの合成だが，違いは，カメラの移動やズームイン／アウトに合わせて 3DCG の視点を変えられることである。図 15-4 の上はクロマキー合成機能で，下がバーチャルスタジオ機能を使用したものである。両方ともウエストショットからアップにズームインしたところである。上段と下段を見比べると，上段の 2 枚は背景が全く同じで，アップした背景に変化がないが，下段は，アップすると背景もアップされているのが分かる。つまり，カメラのレンズ情報がバーチャルスタジオのシステムに送られているため，ズームの状態に合わせて背景も変えられるのである。背景が3DCGのモデルで作られている場合は，カメラが移動すれば，カメラの位置情報がシステムに送られ，背景の3DCGの視点も変わる仕組みである。

クロマキー

バーチャルスタジオ

図15-4　クロマキー（上）とバーチャルスタジオ（下）の違い

3. マッチムーブ

マッチムーブとは，カメラトラッキングとも呼ばれるもので，映像から，カメラの位置やレンズ情報を算出して CG を合成する手法である。図 15-5 は，カメラが徐々に俯瞰になるのに合わせて貼り付けた絵の見え方も変わる例である。専用のソフトウェアで可能である。操作の手順を，図 15-5a のオリジナル映像に図 15-5b のロゴマークを合成する場合で説明する。貼り付ける場所である白黒のパターンの四隅にロゴマーク画像の四隅を合わせる。解析を行うと，映像のコマごとに映像のパターンの四隅と画像の四隅が合わせられる（図 15-5c）。再生すると，映像のカメラワークに合わせて，画像があたかもそこにあるかのように追従する（図 15-5d）。あとは，画像が背景になじむようにフィルターなどをかければ完成である。例えば，建物の看板をドラマの架空の社名にするようなことが簡単にできるのである。

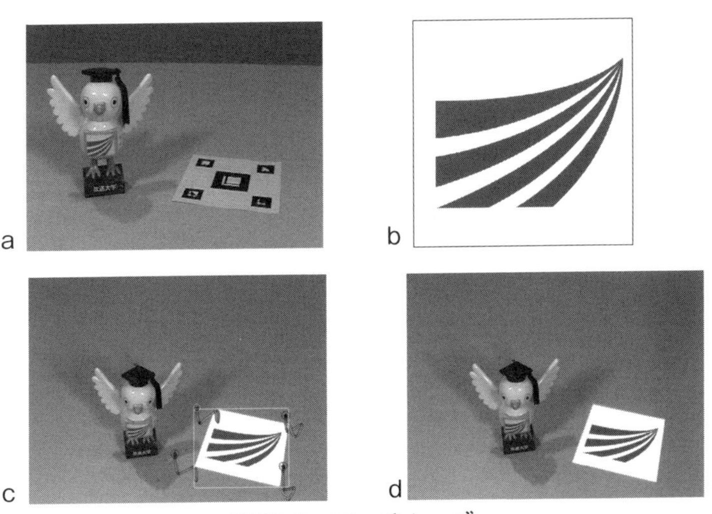

図 15-5　マッチムーブ

4. MR/AR

(1) MR/AR コンテンツ

映像とCGの合成は，リアルタイムな映像コンテンツでも可能である。MR（Mixed Reality：複合現実感）やAR（Augmented Reality：拡張現実感）と呼ばれる技術である。

図15-6は，筆者が国立科学博物館においてMRによる展示を実施したときの写真である。展示室の天井には2体の骨格標本が吊るされていて，左が水生哺乳類，右が水生爬虫類である。この2体は，違う進化の道のりをたどってきたが，水中に適応して似通った姿になったという収斂進化の展示である。写真右下の白枠内は体験者が見ている映像である。この骨格標本をMRの装置を通して見ると，肉付けされ，泳ぐときに尾びれの動きが上下（哺乳類）と左右（爬虫類）というように違うことを3DCGのアニメーションで確認できるというものである。また，口絵6の例は，恐竜の骨盤の腸骨・恥骨・坐骨を解説するコンテンツで，骨格標本とCGの位置合わせ精度を高めることで実現できている。

図15-6　MRの例

(2)　MRの定義

MRと同様な概念に「拡張現実感」（Augmented Reality; AR）というものがあり，このARの方が一般的に知られているのかもしれない。本項ではMRとそれに関連する概念の定義を整理しておく。図15-7はトロント大学のMilgramがMRの定義を示したもので，MRとARの関係も示されている。図の左端が，Real Environment（RE）現実環境，つまり現実空間で，それと対極するVirtual Environment（VE）バーチャル環境，つまりVR（Virtual Reality）技術で構築された環境が右端にある。この両極の間には連続性があり，この中間をMRと定義している。

MRはARとAV（Augmented Virtuality）を内包しているので，より広義であることが分かる。ARとAVの違いは，ARが現実空間を少しバーチャルで拡張したものであるのに対して，AVはバーチャル空間を少し現実で拡張したものとなる。MRの事例の多くが，ARの概念に含まれるものなので，一般的にMRとARは，ほぼ同義になっている。しかし，厳密には上記のAVも含んだ概念がMRである。

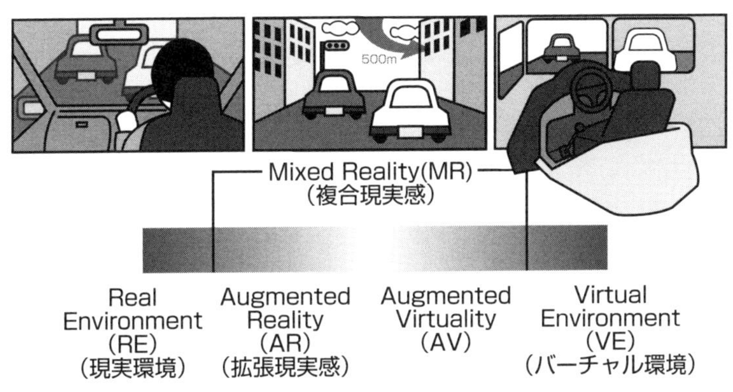

図15-7　MRの定義（Milgram & Colquhoun(1999)を改変）[1]

(3) MRと関連する各概念の具体例

図15-7の各概念を分かりやすくするために，自動車の運転の場合で考えてみよう。まず，左端の現実環境（RE）を実際の公道での運転とすると，右端のバーチャル環境（VE）は，自動車学校などのドライビングシミュレータとなるだろう。VEでは，悪天候などの危険な状況も人工的に作ることができ，バーチャル環境で安全に訓練することができる。

では，中間のMRにはどんな状況やシステムが入るのだろうか。容易に思いつくのはカーナビだが，現状のカーナビをMRと呼ぶ人はいない。現実の空間に情報がシームレスに融合されていないからである。ところが，HUD（ヘッドアップディスプレイ）をフロントガラス上部のサンバイザーに装着すると，道順が表示され外の道路と合わさって見えるというカーナビも登場している。これならMRと呼ぶことができるだろう。フロントガラスに投影するシステムも考えられている。

AVの実例は少ないが，ドライビングシミュレータの体験中に自分がリアルタイムに3Dデジタイズ（図15-8左）されて，3DCGの空間内に登場（図15-8右）するような場合である。CG内の手は本人の手である。

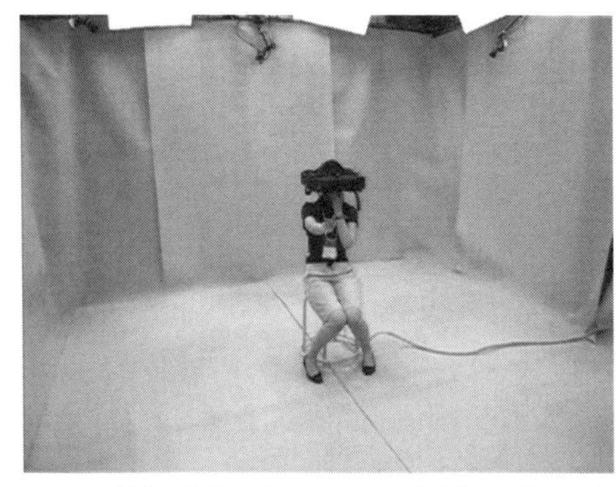

図15-8　Augmented Virtualityの例　　協力：CRESCENT

(4)　最近の動向

最近では，スマートフォンやタブレット端末を使ったMRシステムが普及している。図15-9は，筆者による博物館展示の実験例で，始祖鳥の板状骨格標本をスマートフォンのカメラ越しにのぞくと，復元された始祖鳥のCGが合成されて見える解説アプリである。実空間にバーチャルな物体を合成させるためには，位置合わせが必要だが，かつては，カメラに映ったマーカーから位置や傾きを検出したり，磁気式センサーや光学式センサー等が使われたりすることが多かった。近年は，SLAM(Simultaneous Localization And Mapping)と呼ばれる自己位置推定と環境の地図作成を同時に行うシステムや，VIO(Visual Inertial Odometry)と呼ばれるカメラ画像から位置と角度を決め，3軸のジャイロと3方向の加速度センサーを使って自己位置推定を行う処理技術が発展してきている。そのため，図の例のように標本にはマーカーやセンサー等がなくても，CGを適切な位置に合成することができる。事前に画像（この場合は始祖鳥の骨格の形）を登録しておく方法や，アプリの実行時に環境地図を作成する方法がある。これらはスマートフォンでも実行可能であり，Apple社のiOS用ARKit 2，Google社のAndoroid用ARCore，PTC社のVuforiaなどが提供されている。デバイスとし

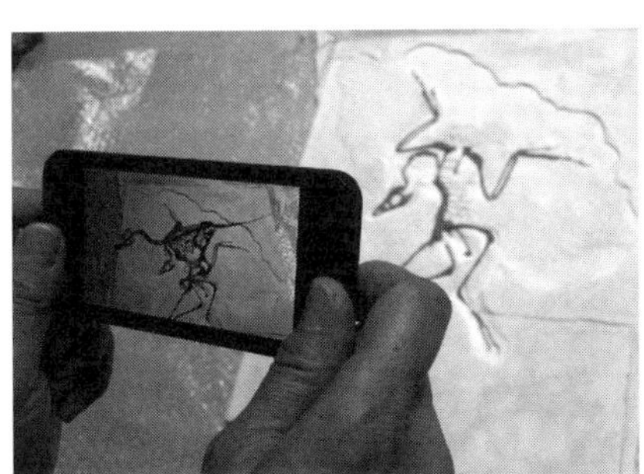

図15-9　スマートフォンによるMR

ては，スマートフォンだけでなくHMD（Head Mounted Display）もあり，Microsoft社のHoloLens 2や，Canon社のMREALなどが製品として販売されている。その他，現実の空間に映像を合成する手法としては，プロジェクターで映像を投影するプロジェクションマッピングも広く普及している。プロジェクションマッピングの特徴としては，投影する壁面などの色が異なっていても違和感なく色補正できることなどがある。このように，実空間と映像やCGを合成する技術は，一般にも急速に普及しつつあるのが現状である。これらの技術は日進月歩であるため，最新の情報はインターネットなどで確認されたい。

学習課題

1．クロマキーとバーチャルスタジオの違いについて説明してください。
2．マッチムーブとは何かを説明してください。
3．ミクストリアリティとマッチムーブの違いを説明してください。

参考文献

[1] Milgram and Colquhoun (1999) A taxonomy of real and virtual world display integration, Mixed Reality: Merging Real and Virtual Worlds, Ohmsha Ltd and Springer-Verlag, 5-30

索引

●配列は五十音順，＊は人名を示す。

●アルファベット

●あ　行

●か　行

●さ 行

●た 行

●な 行

●は 行

●ま 行

●ら 行

●わ　行

著者紹介

近藤　智嗣（こんどう・ともつぐ）

1986 年　法政大学文学部卒業
1988 年　上越教育大学大学院学校教育研究科修了
　　　　出版社勤務，放送教育開発センター助手，
　　　　メディア教育開発センター助教授（准教授）を経て，
現在　　放送大学　理事・副学長・教授
　　　　博士（情報理工学）（東京大学）
専攻　　映像認知，バーチャルリアリティ，展示学，コンテンツ開発

放送大学教材　1570374-1-2011（テレビ）

改訂版　映像コンテンツの制作技術

発　行　　2020年3月20日　第1刷
　　　　　2023年8月20日　第3刷
著　者　　近藤智嗣
発行所　　一般財団法人　放送大学教育振興会
　　　　　〒105-0001　東京都港区虎ノ門1-14-1　郵政福祉琴平ビル
　　　　　電話　03（3502）2750

市販用は放送大学教材と同じ内容です。定価はカバーに表示してあります。
落丁本・乱丁本はお取り替えいたします。

Printed in Japan　ISBN978-4-595-32214-3　C1355